U0196136

赵 勇 著

少年儿童出版社

CHINARE

目录

前言

永不屈服的守候

南极，这片地球上人类最后发现的冰雪大陆，一直以来都蒙着一层神秘的面纱，等待着人类去探知。

从 1984 年至今，中国先后在南极建立了长城、中山、昆仑和泰山 4 个考察站。经过 30 多年的南极科考，一批批南极考察勇士带着中国人探索南极的梦想，一次次踏上那片充满危机的大陆，一点点揭开南极神秘的面纱，在南极大陆的雪地上留下了深深的足迹。

南极，一片冰雪的胜地，象征幸福的南极光，圣洁而美丽，这是大多数人对南极的印象。然而，当你在南极连续生活 17 个月，一切都不同了，暴风呼啸着似乎要将一切撕碎，纯净的冰雪下面可能隐藏着一个个陷阱，极夜的标志不是绚丽的极光而是无止境的黑夜与孤独。

越冬考察队员在南极进行考察，一待就是一年多时间，严寒中的寂寞，是常人无法理解的：要经受南极的狂风暴雪，克服极昼极夜带来的生理上的紊乱，忍受远离亲人朋友的孤独寂寞，父母长辞无法送别，妻子生产无法陪伴左右，孩子成长无法见证和守护……许多考察队员留下永远无法弥补的遗憾。

作为中国第 27 次和第 33 次南极考察中山站站长，我曾经在中山站连续工作 17 个月，带领十几名队员，除了要维持考察站的正常运行外，还要承担各项科研考察任务，其间的酸甜苦辣只有我们自己能体会。

中国南极中山站位于南极大陆的拉斯曼丘陵地区，每年 5 月中旬就进入极夜，极夜期间不光见不到太阳，天气状况也非常恶劣。强劲的风力经常把站区地上的积雪吹得漫天飞扬，路面上的雪坝堆积得越来越高。在风雪交加的极夜期间，队员们仍要坚持工作，他们摸黑过雪坝和爬山，还要忍受暴风雪的肆虐。

在这种极端恶劣的环境中，开展任何一项工作的困难及危险性都会成倍增加。有一次，我跟两位科考队员去他们的科研观测栋工作，观测栋在站区天鹅岭，距离宿舍楼有 1 千米远，我们翻山

越岭，攀爬着雪坝艰难地前进。到了天鹅岭上，两名科考队员先检查室外的接收器工作情况，然后进入大气成分观测栋检查机器工作情况，并接收数据。中山站从 1992 年就开始进行大气成分观测，到目前为止，连续观测从未间断过。研究大气成分的变化状况，对于研究全球大气环境变化及其对地球其他系统的影响问题，如全球气候变化、生态系统影响等，都具有十分重要的意义。

到达天鹅岭最北端后，其中一名队员还要下到山脚旁的海边，因为海冰辐射观测的仪器设备安装在海边的观测栋内，山坡距离海边有 20 多米高，坡度在 45° 左右，为了便于每天上下坡，我们在山坡上拉了绳索。但即使有这根绳索，在大风天气上下坡还是很不方便，甚至可以说是非常危险的。我看到这名队员刚到山坡上，脚下一滑就摔了一跤，但他必须每天往下爬一次，这是他的工作。

那天的风雪还不算太大，如果再猛烈一些，就得用绳索将两名工作人员彼此连在一起去工作，因为怕他们在路上迷失方向。有一次在 12 级大风中，这两名队员去工作岗位，回站区时因看不清道路，走到了堆放在站区的集装箱顶上，因集装箱四周堆起了高高的雪坝，一名队员整个人掉入了雪坝中，好在他俩用绳索连在一起，才没酿成严重后果。

这就是我们的考察队员，为完成工作，不管面临多大的困难都会去克服。这是国家交给我们的任务，是我们南极考察队员担负的责任。

在南极山峦上，人们为献身于南极探险的英国人斯科特立有一个木制十字架，上面写着英国诗人丁尼生的一句诗："去奋斗，去追求，去发现，永不屈服。"这也是我们南极考察队员的真实写照。

① 启航

“雪龙”号，出发

2016 年 11 月 2 日，随着一声汽笛，“雪龙”号极地科学考察破冰船缓缓离开码头，码头上前来欢送的人群不停地向船上的亲人挥手，大声说着祝福的话语，许多考察队员的家属流着眼泪，在心中默默祝福远赴南极考察的亲人一路顺风、平安归来。

“雪龙”号离开码头越来越远，但我们还能隐隐听到从那儿传来的“再见了”的声音。不一会儿，船在长江航道中掉转船头，加速向长江口外驶去，最新一批南极考察队随“雪龙”号开始踏上万里征程。

出发不久，全船进行消防救生学习

晚上“雪龙”号进入东海后，就遭遇了风浪，船舶开始摇晃，好多队员晕船了。“雪龙”号按照气象预报，临时改变航向，决定出巴士海峡后进入菲律宾西面的南中国海一路往南。

4日，“雪龙”号开始进入巴士海峡，海上有2到3米高的涌浪，船舶在10°左右摇晃，但许多队员已经适应，能下床活动了。第二天“雪龙”号将进入菲律宾西海岸航行，就能风平浪静了。

“雪龙”号极地科学考察破冰船

“雪龙”号，中国第三代极地破冰船和科学考察船，由乌克兰赫尔松船厂在 1993 年 3 月 25 日完成建造的一艘维他斯·白令级破冰船，中国于 1993 年从乌克兰进口并按照需求将其进行改造。目前中国有两艘极地考察破冰船。“雪龙 2”号，是中国第一艘自主建造的极地科学考察破冰船，于 2019 年 7 月交付使用。“雪龙 2”号与“雪龙”号一起，开展“双龙探极”。

南极大学

“雪龙”号进入南海航行后风平浪静。

7 日下午考察队举行了南极大学开学典礼。南极大学也是历次科考活动的一项传统，主要是为了丰富航渡生活，拓展知识面，加强队员间的沟通和交流，每位考察队员都可以上台授课。

经过几天风平浪静的航行，我们在 11 月 8 日下午两点于东经 119°15′42″穿越赤道进入南半球航行，这标志着南极考察队距离南极越来越近了。在穿越赤道过程中全体考察队员在船上直升机平台集合，庆祝“雪龙”号穿越赤道进入南半球航行。首先全体考察队员摆出“33”字样庆祝穿越赤道，领队致辞并放飞了满载考察队员祝福的气球，随后还举行了传统的拔河和喝啤酒等竞赛活动。

停靠弗里曼特尔港

“雪龙”号穿越赤道后一路向南航行，于10日穿过印尼巴厘岛旁的龙目海峡进入南印度洋航行。四天后，我们到达澳大利亚西部港口城市——弗里曼特尔，停靠港口装货码头，进行油料和生活物资的补给。

经过短暂的三天补给休整，“雪龙”号于18日上午8点离开弗里曼特尔港，满载着第33次南极考察160名考察队员向南极中山站进发。

根据气象预报，前往南极必经之路的“魔鬼西风带”海域气旋横行，我们将会遭遇大风大浪。希望“雪龙”号能克服一切艰难险阻，按时抵达南极中山站。

穿越西风带

“雪龙”号离开弗里曼特尔港后，因受西风带气旋尾部的影响，海面风浪一直较大，但我们想快速穿越西风带，所以全速往正南方向航行，并想在南纬 60° 附近一个强气旋生成前通过西风带。

20 日“雪龙”号到达南纬 41°，但 60° 附近的强气旋已经形成，海面九级大风，船身剧烈摇晃，我们需要避免与它正面相对。于是船长决定往偏西南方向航行，并降低速度航行。

24 日上午到达南纬 49° 时，南面的气旋已过，于是我们加速航行，于傍晚到达南纬 50°，改变航向往正南直插，希望快点穿过“魔鬼西风带”。强气旋过后的海面上还有七八级大风和四五

米高的涌浪，此时船体左右摇摆最大达到 25°。队员们一直苦苦地坚持着，许多人都遭受了晕船的痛苦。

在顶着风浪艰难航行四天后，“雪龙”号终于冲出西风带，到达南纬 60° 海域，进入南极圈海域航行。当天下午全体考察队员聚在一起包饺子，庆祝顺利穿越西风带。

魔鬼西风带

“魔鬼西风带”海域位于副热带高气压带与副极地低气压带之间，在南纬 45°~60°附近，此处海水受到西风推动形成了世界上最强劲的洋流“西风漂流”，风大浪高，气候恶劣，平时最小的风力大约 7～8 级，大多时候都达到 10～12 级，船只航行极为危险，故被称为“魔鬼西风带”。

② 抵达南极中山站

上岸

11月29日上午，经过27天的航行，“雪龙”号到达离中山站33千米外的陆缘冰区域（位于南极大陆边缘，与大陆相连的浮动冰层），稍作破冰后，海豚直升机开始作业，运送考察队员和行李上岸。

我随考察队第一架次到达中山站，19名第32次考察队越冬队员在直升机广场敲锣打鼓，迎接我们，他们在南极工作一年后总算盼来了祖国亲人，显得格外激动。

中山站全景

我上次在南极中山站工作了十五个月，时隔四年零八个多月，当我再次踏入中山站时，第一感觉是亲切，同时还感觉到中山站的规模更加壮大，装备更加精良。上次我离开中山站时正在建设

新发电栋

新宿舍楼

中的新宿舍楼和新发电栋早已投入运行，考察站上也配备了适合南极使用的各种车辆，生活设施更加完善。

这次来中山站工作和生活一年，面对规模越来越壮大的中山站和各项科研工作任务，我们第33次中山站越冬队面临着巨大的挑战，我们一定会继承前批次考察队经验，克服各种困难与挑战，为中国南极考察事业再添新篇章。

新宿舍楼内部

中国南极中山站

中国南极中山站位于东南极大陆拉斯曼丘陵地区，落成于 1989 年 2 月 26 日，具体位置为南纬 69° 22′ 24″，东经 76° 22′ 40″，与北京的直线距离为 12553 千米。在建站之初，邓小平同志亲笔题写了“中山站”站名。与中山站相邻的外国考察站有俄罗斯进步站、印度巴拉提站和澳大利亚戴维斯站。

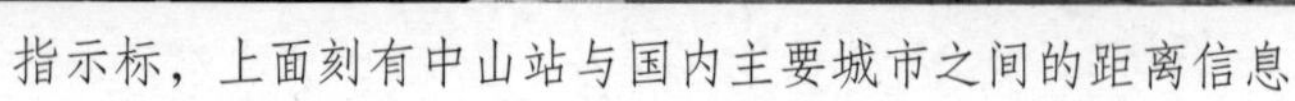
指示标，上面刻有中山站与国内主要城市之间的距离信息

经过几十年的发展和壮大，以及一代代南极考察队员们的辛勤付出，中山站从建站之初的第一代集装箱式建筑，已发展到目前的钢结构建筑。如今，已建成的钢结构建筑有综合楼、综合库、车库、物理观测栋、废物处理栋、污水处理栋、新宿舍楼和新发电栋。中山站的建筑设施已基本更新换代，为考察队员提供了更加

中山站第一代集装箱式建筑老主楼

新综合楼和新宿舍楼

新综合库和新车库

新油罐

新发电栋和老发电栋

中山站标志性建筑——高空物理观测栋

适宜的生活环境和工作场所。

中山站第一代集装箱式建筑老主楼，目前已弃用，将作为历史建筑保存。

中山站也是南极内陆考察站的后勤保障基地和中转站。中国在南极建成的第三、第四个位于内陆的考察站昆仑站和泰山站的考察队员都需要从中山站出发。考察船把内陆考察站所需的车辆物资先卸运至中

山站旁的内陆冰盖出发基地，然后考察队从这里通过一辆辆雪地车拖带着雪橇，满载着物资和油料，前往昆仑站和泰山站进行各项科学考察。

中山站每年夏季考察期间主要开展高层大气物理学、极光物理学、冰川学、地质地球物理学、气象学、南极海洋科学和矿产资源调查，此外还开展生物研究、环境监测、常规气象观测、电离层观测、天文观测、极区高空大气物理观测、地磁和地震学观测、卫星测绘、冰雪和大气、海洋、地质、地球化学、地理、人体医学等科学观测和研究项目。越冬期间则主要进行一些常规的观测项目，有气象观测、地磁固体潮观测、高空物理观测等。

直升机吊运物资

考察队计划 13 日前完成中山站第一阶段卸货任务后，“雪龙”号将会离开中山站前往长城站。所以当前卸货任务非常紧张，但愿往后几天都是晴朗天气，以便于 K-32 直升机连续不断地吊运物资。目前中山站是极昼期，晴天的话太阳 24 小时都不会落山，这样虽利于卸运物资，但对直升机驾驶员来说就分外辛苦。

从 12 月 1 日起，K-32 直升机连续不断为内陆出发基地和中山站吊运物资。与此同时，考察队派出探路队在海冰上探路，两辆雪地摩托从“雪龙”号出发，一辆小四轮和一辆北极车从中山站出发，两支队伍相对而行，在海冰上寻找能够行驶雪地车的路线。经过一天的探路，他们没能找到适合雪地车行驶的路线。“雪龙”号与中山站之间的海冰上乱冰带密集，另外还有多条冰裂缝，最宽处达2米多，于是考察队最终只能放弃在海冰上运输物资的打算。

南极中山站举行交接班仪式

12 月 10 日上午 8 点，第 33 次南极考察队领队一行乘直升机从“雪龙”号出发来到中山站，参加这里举行的第 32 次南极考察中山站越冬队与第 33 次南极考察中山站越冬队交接仪式，两位站长签署了交接文书。这意味着从今天开始我们第 33 次中山站越冬队将全面接手南极中山站的运行管理工作，我即将履行南极中山站站长的职能。

随后在广场举行了升旗仪式，全体队员高唱国歌。在国歌声中，望着五星红旗在地球最南端的南极大陆上冉冉升起，我不禁思绪万千，投身于祖国的南极科考事业，我们深感光荣，同时也深感责任的重大。我们第 33 次南极考察中山站 19 个越冬队员从今天开始要在南极中山站坚守一年，全面管理运行南极中山站，并要完成各项常规科研观测和科研数据的采集。这一年，我们需面对风雪南极的严寒和漫长极夜等极端恶劣环境，同时还要承受远离祖国和亲人朋友的孤独与思念。

在交接仪式进行的同时，K–32 直升机继续为中山站吊运油料。交接仪式结束后，15 名第 32 次考察队的越冬队员乘直升机离开工作了一年的中山站回到“雪龙”号，开始踏上回国的旅途。

第33次南极考察内陆昆仑站队出征

经过半个月的准备，第33次南极考察内陆昆仑站队在离中山站10千米处的内陆冰盖出发基地集结完毕，各项准备工作完成，于中山站时间12月15日上午10点准时出发。在中山站的部分队员前往出发基地为他们送行。

25名内陆昆仑站队员分别登上九辆雪地车，按照顺序启动车

辆拖带着满载物资、油料、乘员舱的雪橇向内陆冰盖深处行进。

长长的车队在一望无际的白色冰盖上显得格外醒目，连绵数公里。昆仑站位于距离中山站1300千米、在海拔4093米处的内陆冰盖最高点附近。车辆要艰难地在冰盖上行驶半个多月才能到达那里，一路的艰辛可想而知，希望他们一路顺利，圆满完成内陆昆仑站各项考察任务。

中国南极昆仑站

中国南极昆仑站，是中国首个南极内陆考察站，具体位置为南纬80°25'01''，东经77°06'58''，高程4087米，位于南极内陆冰盖最高点冰穹A西南方向约7.3千米。是中国继在南极建立长城站、中山站以来，建立的第三个南极考察站。也是目前中国在极地最寒冷的一个考察站。

莫愁湖补水

内陆队 25 名队员出发后，目前中山站还有 51 名考察队员，其中包括 32 名度夏考察队员和 19 名越冬考察队员。度夏队员要等到明年 3 月初随“雪龙”号回国，我们 19 名越冬队员则要等到明年 12 月初“雪龙”号执行第 34 次南极考察任务来到南极，把接班队员送上中山站后才能交班随船回国。

考察站的管理运行由越冬队员负责。19 名越冬队员由 12 名后勤岗位管理人员和 7 名科研人员组成，后勤岗位主要由厨师、医生、机械师、通讯员、发电人员、电工、水暖工等人员组成，他们保障着考察站的正常运行。

目前越冬队员除保障中山站的正常运行外，还要整理前段时间直升机吊运上站的各类物资，包括生活物资和各种配件。机械师则抓紧维修保养各种车辆。

站区内莫愁湖上的冰雪已经全部融化，我看到莫愁湖的水位比往年低了好多，可能是今年站区积雪少的缘故。莫愁湖的水是保障中山站正常运行的关键，发电机组的冷却水和我们的生活用水全部取自莫愁湖，一旦莫愁湖水位告急，后果不敢想象。

近日我闲时外出散步时，看到西南高地下和俄罗斯进步站之间的一个山坳中的冰雪已经开始在融化，小山坳中的水位还挺深的，

我就组织队员扛着潜水泵，带着水管去那里进行抽水。经过多名队员一上午的辛苦劳作，近500米长的水管翻山越岭地铺设完毕。我们启动潜水泵把山坳中的水抽送到莫愁湖中，补充莫愁湖的储水量。

几个山坡上的积雪都在融化，融化后的水源源不断地流入山坳中。潜水泵已经抽送了两天，估计还需抽送几天。看到莫愁湖的水位在上升，我心里踏实了许多，暂时不用为明年中山站的用水而发愁了。

度夏考察和越冬考察

南极，季节更替与北半球相反。每年 11 月前后，南极进入夏季，南大洋的海冰迅速融化，这为南极科学考察提供了绝佳窗口，各国大都选择在此时派出考察队前往南极，直到来年 3 月，南极进入冬季，绝大部分考察队员在这时撤离。

中国南极考察队也分为度夏考察和越冬考察两类。下半年跟随“雪龙”号去南极考察，在南极夏天结束前跟着“雪龙”号回国的队员，属于度夏考察队员，一般考察时间在 11 月至次年的 3 月。越冬考察队员则在度夏考察队撤离后，还要继续坚守，“驻扎”南极的时间通常可达 14～17 个月，经过南极的一个冬天，等到第二年夏天新的考察队员过来交班后才能跟随“雪龙”号撤离南极。

平安夜企鹅拜访中山站

12月25日，新年快到了，目前南极处于极昼期，太阳24小时挂在天空上。对于在南极考察的队员来说，没有节假日。在中山站度夏考察的科研队员和工程队员正在抓紧短短两个多月的南极夏天时间，有序地开展各项工作；越冬队员除保障考察站的正常运行外，开始整理站区。

今年中山站外海面上的冰山堆积得密密麻麻的，没有一丝空隙，不像以往冰山之间还有大片平整的海冰间

隔。我这次到中山站以来还没看到过在南极常见的企鹅群大批出现，可能是那些冰山挡住了企鹅进入中山站站区。令人可喜的是昨晚有两只阿德雷企鹅拜访了中山站，给我们的平安夜增添了喜色。

当时我正站在餐厅窗口与人说话，突然发现两只小阿德雷企鹅蹦蹦跳跳地走过来，它俩蹦上了站区的卧龙滩，在那里玩耍了一会儿后，向站区熊猫码头方向走去。

阿德雷企鹅

这是一种在南极洲分布最广的企鹅，同时也是最矮小的企鹅之一。阿德雷企鹅的头、颈、背和翼都是黑色的，胸部和腹部是白色的。成年阿德雷企鹅体长 70 ~ 80 厘米，体重 4 ~ 6 千克。

南极环境保护

《南极条约》对于南极的环境保护特别严格，要求人类所产生的一切垃圾都不能留在南极，能焚烧的就焚烧，不能焚烧的必须带回国内处理。为了遵守《南极环保议定书》，也为了站区的整洁，昨天晚饭后，我组织站上所有不值班的队员在站区捡垃圾，增强大家的环境保护意识，为南极环境保护出一份力。

中山站对生活垃圾的分类非常严格，队员们必须遵守执行。在度夏期间因站上人员多，每天会产生好多生活垃圾，有装菜的包装盒、队员个人的生活垃圾、各种瓶瓶罐罐等，这些垃圾都要分类摆放，由站上水暖工、维修工统一收拾后用车送去焚烧炉房，对能焚烧的生活垃圾进行焚烧，不能焚烧的垃圾装箱打包，届时再运回国内处理。

为了更好、更科学地处理垃圾，近年中山站新增加了微生物餐余垃圾处理机和大型液压压罐机。原来餐余垃圾是焚烧炉焚烧的，由于餐余垃圾中含有许多水分，焚烧工作量非常大，如今有了微生物餐余垃圾处理机就方便多了，餐余垃圾经过微生物处理后就剩一点有机物，可以打包带回国内；原来站上有非常多的航空煤油空桶，统一收集放置在集装箱里，待考察结束后带回国，一个集装箱只能堆放几十个空油桶，现在有了压罐机，把航空煤油空桶压扁后，一个集装箱就能放置好几百个，大大节省了储运空间。

《南极条约》&《关于环境保护的南极条约议定书》

1959年12月1日，澳大利亚、阿根廷、美国等国在华盛顿共同签署了《南极条约》，条约的主要内容是：南极洲仅用于和平目的，促进在南极洲地区进行科学考察的自由，促进科学考察中的国际合作，禁止在南极地区进行一切具有军事性质的活动及核爆炸和处理放射物，等等。1985年10月7日，中国正式成为《南极条约》协商国。

《关于环境保护的南极条约议定书》（简称《南极环保议定书》）是为实施《南极条约》，保护南极环境而制定的议定书，1991年6月23日订于马德里。中国于1991年10月4日签署。

南极内陆考察队顺利到达昆仑站

经过15天的艰苦跋涉，南极内陆考察昆仑站队顺利到达昆仑站，人员、装备一切正常。

内陆昆仑站队25名队员于本月15日驾驶着9辆雪地车拖带着满载物资、油料的雪橇，从中山站附近的内陆冰盖出发基地出发，前往昆仑站。

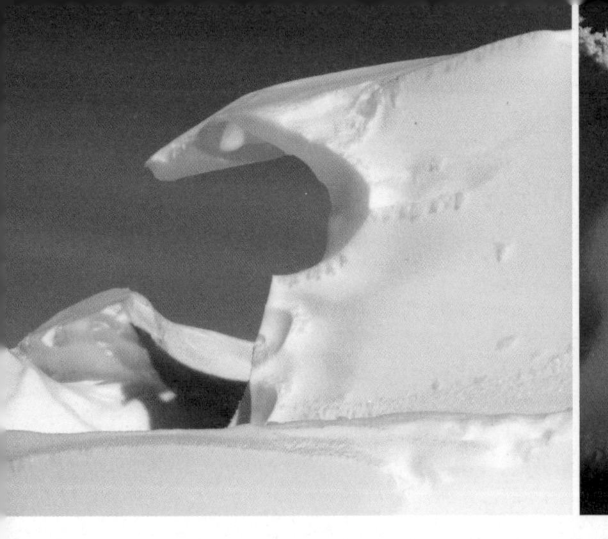

20日下午3点（中山站时间），内陆昆仑站队车队到达南极泰山站，内陆队员们在泰山站升国旗、队旗、站旗，并准备机场标识和平整机场跑道，准备到时让我们的固定翼飞机雪鹰601降落。内陆队员们在泰山站工作一天后继续踏上前往昆仑站的征途。

昆仑站队一路上除了行进，还要做一些科考项目，比如设冰流速监测点、测3米雪坑温度密度、建立气象站等。经过一路艰辛跋涉，昆仑站队顺利到达目的地。

昆仑站是我国继长城站、中山站之后在南极建成的第三个考察站，是我国首个南极内陆考察站，目前属夏季考察站。2008年10月20日，中国第25次南极考察队随"雪龙"号出征南极，执行南极内陆站考察和建设等任务。"雪龙"号到达南极中山站后，考察队以中山站为出发基地，派出了由11辆雪地车、42架雪橇、28位考察队员组成的昆仑站队于12月18日出发，途经1300千米，登顶海拔4093米的南极内陆冰盖最高点——冰穹A，于2009年1月27日在冰穹A西南方向约7.3千米、海拔4087米处建成了我国南极第三个考察站——昆仑站。

在南极迎接新年的来临

考察队员在南极迎来了新年。12 月 30 日下午俄罗斯进步站站长一行来到我们中山站拜访交流，并给我们送来了他们大厨亲自做的奶油蛋糕。

画有南极大陆形状的蛋糕

新年元旦这天，中山站除保障考察站正常运行的值班人员以外其他人员放假一天。我们考察队到达中山站已有一个月，队员们每天都非常忙碌，在完成卸货任务后，中山站的各项科研考察和工程施工任务已经全面展开，队员们要充分利用南极夏天短短两个多月的时间来完成各自承担的任务。

这几天中山站天气晴朗，阳光明媚，最高气温达到零上六七摄氏度，队员们趁元旦放假三三两两在站区周围散步、登山，尽情欣赏南极夏天的美景，远处一座座千姿百态的冰山为中山站平添了许多亮丽色彩。

憨态可掬的南极海豹

南极度夏期间，一天繁忙的工作结束后，队员常常在站区四周散步，欣赏南极夏天的各色美景。

在振兴码头旁的海冰上，我看到一只海豹懒洋洋地躺在那里睡觉。南极的母海豹一般在每年的 10 月份会从水中蹿到海冰上准备待产。一到这个时候，中山站外的海冰上躺着上百只待产的母海豹，场面非常壮观。12 月份，等小海豹能够下水后，母海豹就带着小海豹去水中觅食，随后一般就很少能够看到躺在海冰上的海豹了。今天能遇见海豹感觉比较幸运。这只海豹是威德尔海豹，当我看到它时，它正闭着眼睛睡觉，可能是我的走路声吵醒了它的好梦，它懒懒地睁开眼睛抬头看看我，看我离它远远的，就懒得理我，只管继续睡觉，真是憨态可掬的南极海豹。

海豹是一种哺乳类动物，主要分布在南极、北极、北大西洋和北太平洋海域，其中以南极海豹的数量居多，占全球海豹总量的90%。在南极地区海豹有6种，它们是象海豹、豹形海豹、威德尔海豹、锯齿海豹（食蟹海豹）、罗斯海豹、毛皮海豹（海狗）。其中锯齿海豹、豹形海豹、威德尔海豹和罗斯海豹是南极地区特有的。南极地区的海豹主要分布于南极大陆沿岸、浮冰区和某些岛屿周围海域。

19世纪第一批到达南极的水手们，就是到南极捕杀海豹，因为海豹丰富的脂肪可以提炼油，而且它们的皮毛柔软、防水且保暖。在水手及猎人的大肆猎杀下，南极海豹曾濒临绝种。随着《南极条约》的颁布，所有南极动物属于保护动物，绝不允许捕杀。南极海豹的数量才得以逐年增加。

南极海豹在陆地和冰面上行动迟缓，非常笨拙，看它们挪动一下身体都显得非常费力。但南极海豹一旦进入水中，就特别灵活。海豹的食物来源全部来自大海中的鱼儿、磷虾和企鹅，想要在海洋中捉到灵活的鱼儿和企鹅可不是一件容易的事，必须要有非凡的水下本领才能填饱自己的肚子。南极海豹在海里游动速度为每小时20～30千米，最高可达每小时37千米。

具有里程碑意义的一天

2017年1月8日，南极中山站天气非常晴朗，这一天对中国第33次南极考察队来说意义非凡，是值得永远记住的日子，因为“雪鹰601”固定翼飞机在南极冰盖之巅的昆仑站进行起降测试非常成功，这是该类型飞机首次在海拔4000多米以上的南极冰盖上进行起降，意味着我国南极内陆地空联合考察新时代的开启，具有里程碑的意义。

晚上，中山站开始降雪，纷纷扬扬的雪花洒落下来，随风飘荡，这是今年中山站的第一场大雪。降雪在南极地区是家常便饭，但在南极的盛夏期间降雪并不多见，这场雪持续的时间也很长，第二天整日雪花飞扬，室外的工作大多只能暂时停止。

南极中山站即将度过极昼

感觉时间过得挺快，本次南极考察中山站队员到达中山站已有一个半月，南极的极昼即将悄悄过去，昨天午夜虽然天空还很明亮，但我看到太阳已落到地平线以下，淡淡的月亮爬上了天空，在远处的冰山之上高高悬挂着。

考察队员平日做着各自的工作，这两天晚饭后我动员全体队员出去捡垃圾。因为去年站区附近的冰山崩塌，堆放在码头上准备运回国的几个装垃圾的集装箱全部被海冰打翻，部分垃圾撒落出来。目前下广场到振兴码头处的积雪、海冰已经全部融化，原被积雪掩埋的垃圾都已显露出来。我们就从下广场到振兴码头进行地毯式捡垃圾。经过队员们两天的努力，垃圾基本收拾干净。

全地形车

这几天我看到站区熊猫码头处的海冰已经全部融化，但外面密密麻麻的冰山一点都没动，希望这些冰山能够漂走一些，为熊猫码头打开一条水上通道，这样一个月后“雪龙”号到达中山站时能够施放小艇驳船为中山站运送油料，同时中山站需要运回国处理的垃圾也能借此运输到船上。

今天和几名队员乘坐全地形车前往离中山站20多千米外的冰盖。前段时间负责冰盖机场选址的队员一直在这里工作，他们在这里测绘选址，选择合适的地方为建设冰盖机场提供依据。

全地形车行驶在一望无际、白茫茫的冰盖上，犹如在冰原上行舟，蔚蓝的天空下四周一片白色，刺眼的阳光让人昏昏

欲睡，经过近两个小时的行驶才到达目的地。一路上我在想，内陆昆仑站队员要在茫茫的冰原上行驶半个多月才能到达昆仑站，他们需要多大的毅力来克服一路的艰辛呀！今天还是大晴天，能见度比较高，冰原上经常会遇到白化天气，不知他们是如何克服的，真为他们感到自豪。

白化天气

白化天气是极地一种特有的天气现象，是由极地的低温与冷空气相互作用而形成的。当阳光照到镜面似的冰层上时，会被立即反射到低空的云层大气中，而低空云层和近地面大气中无数细小的雪粒和冰针又像千万面小镜子将光线散射开来，再反射到地面的冰层上。如此来回反射的结果，会产生一种令人眼花缭乱的乳白色光线，形成雾蒙蒙的乳白天空。这时，天地之间浑然一体，一切景物都看不见，仿佛融入浓稠的乳白色牛奶里，方向难以判别。人的视线也会产生错觉，分不清近景和远景，也分不清景物的大小。

⑤ 南极中山站的文化建设

第一届南极拉斯曼丘陵国际马拉松邀请赛

1 月 21 日，中国南极中山站组织了第一届南极拉斯曼丘陵国际马拉松邀请赛，在南极拉斯曼地区的中国中山站、俄罗斯进步站派出队员参加比赛，印度巴拉提站因忙着卸货，没有派队员参赛。比赛路线起点为中山站，沿途经过中俄大道、进步站、俄罗斯大坡，一直沿着车道到达进步湖，然后从进步湖折返，沿原路返回中山站，全程约 10 千米。

中山站时间12点半，29名报名参赛选手和两站其他队员集结于中山站下广场，其中有三名女队员报名参赛。我向全体参赛选手介绍了比赛规则，同时强调比赛的宗旨是：友谊、健康、快乐。另外为了安全，我们在赛道途中设置了两个服务点和一个应急支援点，随时为参赛选手提供服务。

下午1点比赛正式开始，29名参赛队员争先恐后从中山站下广场出发，沿着比赛路线跑了起来，参赛选手一路上要攀上俄罗斯大坡，然后是丘陵地带，路况比较恶劣。队员出发后我还在担心他们能否完成比赛，因为也没时间提前训练过。

想不到半个多小时以后，从在赛道上开车负责巡逻保护的队员对讲机中传来跑在前面的选手快回到中山站的消息。我们等在终点，看到了前几名队员跑步进入下广场冲向终点，随后队员们都陆陆续续跑回了终点，经过近一个小时，全部参赛队员回到中山站。比赛结果是俄罗斯进步站队员取得前六名的好成绩，我们中山站队员最好的名次是第七名。

赛后我们在中山站下广场举行了颁奖仪式，三名女队员都收到了具有中国文化特色的小奖品，另外每位参赛选手都能获得一块“完赛”奖牌。队员们纷纷合影留念，庆祝第一届南极拉斯曼丘陵国际马拉松邀请赛圆满结束。

拉斯曼丘陵

拉斯曼丘陵位于东南极大陆边缘，面积约 40 平方千米，是南极大陆为数不多的绿洲之一。我国中山站、俄罗斯进步站、澳大利亚劳基地站、印度巴拉提站均建于此。

参加印度南极巴拉提站国庆日活动

1 月 26 日，我们中山站部分队员应邀前往印度南极巴拉提站，参加他们的国庆纪念活动。上午我们一行 13 人乘上 K–32 直升机。其实巴拉提站位于中山站不远的一个岛上，离我们直线距离约 12 千米，但由于海冰已经融化，只能乘坐直升机前往。我们的 K–32 直升机飞行了不到十分钟，就降落在巴拉提站停机坪上。

巴拉提站长在停机坪热情欢迎我们的到来，应邀前来的还有俄罗斯进步站队员和印度租用的俄罗斯破冰船上的船员。这条破冰船和“雪龙”号是同系列船，配置同“雪龙”号差不多，以前我也上去参观过。目前，这条船就停泊在巴拉提站外的海冰上，距

离陆地不到一百米。

巴拉提站是一栋多功能建筑，集科研、住宿、餐厅、发电等多种功能为一体，6 年前他们还在建站的时候我就前来参观过。这栋建筑是德国设计并建造的，一体式建筑结构，颇具特色。

庆祝活动开始前，我和俄罗斯进步站站长、俄罗斯破冰船船长一起上台接受了巴拉提站长馈赠的具有印度民族特色的围巾和草帽。

在巴拉提站长致辞后，他们的队员表演了一些节目，节目虽然简单，但现场气氛非常热闹。

活动结束后，我们一行离开巴拉提站，临行前我邀请巴拉提站长带领队员明天来我们中山站，参加中山站的欢度春节活动。

在南极欢度春节

今天是中国的传统节日——除夕，中山站除值班队员外，其他队员开始忙碌布置装饰综合楼的室内环境，虽然我们身处远离祖国万里之外的南极，但在这里过年也要有过年的气氛。

下午，队员在餐厅动手擀皮包饺子。吃饺子是国人在春节时特有的民俗传统，我们在南极也不能例外。厨房里也是非常热闹，大厨和队员们在准备其他的菜。今晚，不光我们在中山站的62名队员进行聚餐，我们还邀请了附近的澳大利亚戴维斯站、俄罗斯进步站、印度巴拉提站考察队员过来和我们一起欢度中国的春节。

下午队员们在忙碌的时候，两只阿德雷企鹅来到站区，感觉它们也是赶来庆祝

春节的。队员们还打趣地问我：“站长你是否也邀请了企鹅来参加晚上的聚餐？”两只企鹅在站区逗留了一整个下午，为队员们带来了欢乐。

下午，俄罗斯进步站、印度巴拉提站队员陆续来到中山站参加我们的庆祝春节晚会，澳大利亚戴维斯站打来电话说站上临时有事，遗憾不能过来了。

傍晚，在中山站餐厅，庆祝春节晚会开始，来自五个国家的队员欢聚一堂，因为我们的固定翼机组还有来自加拿大和美国的队员。

在座的各国考察队员把酒言欢，南极科学考察事业让我们相聚在一起。现场气氛欢快，队员们纷纷一展歌喉，外国考察队员也拿起话筒唱起了自己国家的民歌，近两个小时的晚会充满着欢声笑语。

第二天清晨，中山站举行了升国旗仪式，我们在南极想念着祖国，祝愿我们的祖国更加繁荣昌盛！

中山站的考察队员在南极就像一个大家庭。年初一下午，我们在餐厅举行了迎新春联欢会，队员们欢聚一堂。目前站里年轻队员多，他们都很活跃，唱歌、诗朗诵、吉他弹唱、游戏、抽奖等，联欢会节目安排得非常丰富，深受大家喜欢。

在中山站看冰山

每天在办公室和宿舍窗口观察中山站前面的冰山是我的习惯动作，我在这两个窗旁都放有望远镜，密切关注着众多冰山的一举一动。这些冰山大多是漂浮在海面上的，每天随着风向和潮汐来来回回地移动。昨天我发现堆积的冰山漂走了几座，露出了通往

外海的水道，我心里一阵欢喜，盼望这样的情况能持续二十天，等到“雪龙”号到达中山站的时候还能有水道通往外海。

近期中山站站区在整治环境的同时，还在进行站区下广场扩建和平整工作，就是把原先下广场与海边之间凌乱的大小石头

铲到海边，并进行平整。目前下广场已扩大了近半个足球场大小的面积，为以后考察队员活动和停放各种车辆、设备提供了场地。

昨天晚饭后我在站区散步的时候，遇见了一只孤独的阿德雷企鹅，不时还喊叫几声，估计是与同伴走散了，正在寻找同伴。我晚上睡觉前还看到它孤零零地站在我们平整好的广场上。

昨天下午有车去接在进步湖周边采样的队员，我顺便搭车也出去看看风景，那边几条湖泊在冰雪融化后，景色非常优美。

内陆昆仑站考察队顺利返回中山站

2 月 5 日下午，内陆昆仑站考察队回到内陆出发基地。

本次内陆昆仑站考察队 25 名队员历经 53 天，经过一路跋涉，到达距离中山站 1300 千米以外、海拔 4087 米高的内陆昆仑站。

队员们在气温零下 30 多摄氏度的高海拔地区连续工作 20 天，开展了深冰芯钻探、天文观测、测绘与大地测量等科研项目，并开展机场平整、站区环境整治等各项后勤保障工作。

中山站直立桨板竞速赛

为丰富考察队员的南极生活，增强队员的身体素质，2月9日下午中山站在站区莫愁湖上举办了直立桨板竞速赛，队员们踊跃报名参赛。下午3点，比赛正式开始，不管是以前划过直立板的，还是没划过的，队员们都跃跃欲试。不敢直立站着划桨的，队员们就跪着划桨参加比赛。虽然湖水只有1米多深，但为了保障队员们的安全，比赛的队员必须穿戴救生衣，另外还有应急保障的队员划着小船在莫愁湖上保障着比赛队员的安全。

令人高兴的是，虽然许多队员都是第一次划直立板，但整个比赛过程顺利圆满，队员们都完成了整个赛程，我们以比赛速度决出前三名，每位参赛选手都会获得一个纪念奖牌。

南极的冬天即将来临

元宵节刚过，一早我起床拉开窗帘，刺眼的阳光照射进来，让人睁不开眼。我走到室外，风雪过后的中山站在蔚蓝的天空和白雪的映衬下格外壮观。我围着站区走了一圈，原先裸露的岩石、沙地已披上了一层耀眼的白雪，远处的冰山非常刺眼，有些融化的海冰已开始结冰，感觉南极的冬天即将来临。

油罐上的艺术绘画

南极中山站 12 个新油罐上绘制十二生肖的工作在越冬医生和机械师的辛勤努力下已接近尾声。这项工作是在我的提议下进行的，由医生主笔，机械师配合，他俩利用业余时间每天晚饭后前去绘制。本来应该早些完成，但最近的风雪天气影响了他们的进度。

十二生肖是中华民族特有的民俗文化，每一位中国人应该都了解自己的生肖属相，在南极中山站油罐上绘制生肖是为了传承和发扬中华传统文化，体现极地文化建设。我国南极长城站 8 个油罐上绘制的八仙过海、中山站 5 个老油罐上绘制的京剧脸谱，都是中华传统文化的精粹，一度成为这两个站区的主要文化特色。南极中山站 12 个白色新油罐上的十二生肖画一定会成为站区新的特色景观。

中俄足球赛

中山站和俄罗斯进步站距离比较近，算得上相邻，平时往来相对多一些，在一起组织活动也比较多。昨天晚上在中山站室内活动室进行了中俄两国考察队员三人制足球赛，双方各派两支队伍

参赛进行对决，赢的队伍再进行冠军争夺赛。

室内三人制足球比赛，中山站的年轻队员在身形高大的俄罗斯队员面前显得轻巧灵活。首先上场的中山站队和进步站队踢得难分难解，比分交替上升，最后中山站队以一球落后败下阵来；第二组中山站队一上场明显占上风，大比分遥遥领先，轻松拿下比赛。最后冠军争夺赛也是毫无悬念，中山站队一路领先大比分取得冠军。

组织两国考察队员进行各项体育比赛，是为了丰富远离祖国的考察队员的业余文化生活，也是为了促进两国考察队员的国际交流与合作。赛后两国队员纷纷合影留念，留住自己在南极的精彩瞬间。

“雪龙”号回到中山站

虽然“雪龙”号现在就漂泊在中山站前冰山外的海面上，距离中山站很近，肉眼就能看到，但“雪龙”号的上下物资都要在船尾的飞行平台进行，这些物资都需要队员用人工搬运，所以吊挂作业进行得比较缓慢，需要直升机起起停停，不能连续作业。队员们忙碌了一天，才把上下船的物资全部吊运结束。

到今天为止，中山站的物资全部卸运结束。明天开始吊运补给中山站的油料。另外船上还有四辆雪地车需要卸运到中山站，这就要看海冰的情况，因为车辆自身过重，直升机吊运不了，只能通过小艇驳船才能运输。目前中山站外的冰情不容乐观，持续几天的低温，中山站码头附近的海水已开始结冰了。我们只能等待天气变化后再见机行动。

南极中山站建站二十八周年纪念日

2月26日，对南极中山站来说是个特殊的日子，是中山站建站二十八周年纪念日。1989年2月26日中国在南极大陆的拉斯曼丘陵上建成了第二个南极考察基地——中国南极中山站。中山站位于东南极洲拉斯曼丘陵地区，地理坐标是南纬69°22′24″，东经76°22′40″，与北京的直线距离为12553千米。中山站站区南北长2000米，东西宽2200米，占地面积约4.4平方千米，站区

内有淡水湖莫愁湖。中山站站区地貌主要是由片麻岩组成的丘陵地形，呈台阶形，西高东低，平均海拔高度11米。

今年中山站的环境整治工作取得了非常大的成效，中山站广场扩建并平整了较大的面积。我们在中山站大广场上竖立了一块南极石，也是为了纪念中山站建站二十八周年。

我们在12个新油罐上绘制完成十二生肖后，又在最外端的两个油罐的横面上写上了“南极中山站欢迎您”。从陆路进入中山站区的各国考察队员在进入站区前就能看到这8个醒目的大字。

南极晚霞

我们到达中山站已整整三个月了，感觉时间过得很快，从南极的极昼到目前的昼夜分明，现在中山站晚上八九点就天黑了，可以正常过有夜晚的生活，不用担心午夜时分太阳高挂影响我们的正常睡眠。

昨天我晚饭后在站区散步，首先在站区熊猫码头附近遇见了一群阿德雷企鹅聚集在山坡上，这是我这次到南极后第一次在站区见到这么多企鹅，感觉比较兴奋。今天上午我再次前往熊猫码头，见这群企

鹅依然停留在那里。现在应该是阿德雷企鹅的换毛季节，它们聚集在这里估计准备换毛。

昨晚的晚霞很美丽，我在码头的时候看到晚霞照射在远处冰山顶上，冰山显得格外绚丽多彩。回头看见晚霞从站区西面的天空照射过来，整个站区笼罩在晚霞中，好像披了一件红彤彤的外套。

我匆忙穿过站区，前往站区西面的内拉湾附近，观看内拉湾对面山后天空映衬出来的晚霞，无比绚烂，云层都被晚霞染红，非常壮观，可惜这样的美景只持续了不多一会儿的时间。

⑥ 企鹅与极光

阿德雷企鹅

目前中山站的气温在零下 5 摄氏度左右，莫愁湖的湖水已经结冰，南极的冬天来临了。

到了测绘山上往海边看，看到一只海豹躺在海冰上睡觉。我小心地慢慢下山，下到一半距离时惊奇地看到还有 8 只阿德雷企鹅

正在半山腰的岩石上玩耍。企鹅、海豹同时出现，真幸运。

我就坐在山脚下的岩石上，慢慢观赏着这些企鹅和海豹。

这 8 只阿德雷企鹅，有的已经换好毛，有的正处于换毛阶段。

它们立在岩石上享受着阳光。不远处，另外一只海豹从冰裂缝中探出脑袋换气。

内拉湾海面也已经全部结冰，这是海水结起来的当年冰，我们终于迎来了南极的冬季。

绚丽极光闪耀中山站夜空

南极中山站连续三晚出现绚丽多彩的极光，这让队员们兴奋不已。他们都被夜空中的极光所震撼，感叹大自然的奇观。虽然晚上的风很大，但夜空中出现这么美丽的景色，许多队员冒着风寒出去观看并拍摄照片。夜空中的极光就像飘渺的云烟，飘忽不定，随时在变幻着各种形状。

中山广场

极光是发生在地球周围的一种大规模放电的过程。来自太阳的带电粒子进入地球附近，地球磁场让其中一部分沿着磁场线集中到高纬度的南北两极。当带电粒子进入极地的高层大气时，与大气中的原子和分子碰撞，带电粒子的能量在瞬间释放，以灿烂炫目的极光形式呈现。美丽的极光颜色丰富多彩，这是太阳粒子与地球大气中的气体相互作用的结果，以绿色居多。

中山站 “雪龙”号 直升机

这两日白天的时候，“雪龙”号一直在中山站前的冰山外围海面上漂泊，K-32 直升机来回穿梭于“雪龙”号与中山站之间，为中山站吊运油料。因目前中山站下午 7 点左右开始天黑，所以直升机作业只能赶在这个时间点结束，随后“雪龙”号前往远离冰

山的海面上漂泊。

“雪龙”号虽然距离中山站很近，只有四五千米，但冰山和海冰阻隔了站与船之间的水上通道，“雪龙”号上的四辆雪地车无法通过小艇驳船运输至中山站。我们一直等待着冰山能漂移走，以及海冰被风吹开。但这样的机会已经越来越渺茫，目前南极的气温越来越低，可能不会再有奇迹发生。

度夏考察队撤离

今天南极中山站上的考察队员都是在握手、拥抱和一声声告别中度过的。上午10点，度夏考察队员开始分批乘海豚直升机从中山站撤离至“雪龙”号上，除考察队临时党委委员和记者外，在中山站度夏的考察队员、内陆昆仑站队员、固定翼飞机队员全部撤离中山站。离别总是伤感的，在三个多月的南极度夏考察期间，考察队员们在一起同舟共济，建立起了深厚的感情。

我们越冬队员在停机坪欢送即将离开的队员们，与他们挥手道别，直升机在中山站上空绕行三圈跟中山站道别，然后直飞“雪龙”号。我们依依不舍地离开停机坪，回到各自的工作岗位。从今天

起南极中山站进入越冬状态，留守的19名队员将在各自的工作岗位上再坚守9个月，安全管理好中山站，度过南极的漫长冬天和极夜期，等待着年底第34次南极考察队的到来。

昨天下午一只帝企鹅拜访了南极中山站，这比较难得，队员们都兴奋不已。

越冬准备工作

度夏队员离开后，越冬队员开始打扫他们的房间。目前中山站有越冬和度夏两栋宿舍楼，共有房间63间，除了我们19名越冬队员住的房间外，剩余房间都要进行清洁和整理，等待年底第34次南极考察队员入住。

南极中山站昨晚气温骤降至零下16摄氏度，让人明显感觉到严寒。目前中山站站区附近有两处地方能看到阿德雷企鹅，一处是熊猫码头处的小山坡，那里有十几只企鹅，另外一处是测绘山坡下靠近内拉湾海边处的八只企鹅。有这些可爱的南极小精灵陪伴着，我们感觉不那么孤单了。昨天晚饭前我前往测绘山去看望了那八只阿德雷企鹅，这些企鹅还在换毛，那还没脱干净羽毛的样子看起来非常滑稽可爱。

“雪龙”号离开南极启程回国

昨天上午，“雪龙”号结束在南极中山站附近普里兹湾大洋考察的最后一个作业点的工作后，带着 152 名考察队员离开南极启程回国。他们将会在海上航行近一个月的时间，预计 4 月中旬回到上海母港。

度夏队员已随“雪龙”号离开南极，越冬队员除了要安全管理维护好考察站的正常运行，还要进行各项常规的科研观测。

我走在中山站广场上，不由得感叹中山站的规模越来越大，我六年前在中山站越冬，那时已感觉比老一辈越冬队员生活条件好了很多。我们在那年启用了综合楼，餐厅、活动室、办公室的条件有了很大的改善。现在与六年前相比，又增加了越冬宿舍楼和新发电栋两栋建筑，住房条件和发电能力又有了进一步的提升。

中山站站区规模的壮大和国家对南极科考事业的重视、考察队员们的奉献精神是分不开的。中国的南极考察已经进行了 30 多年，在这风风雨雨的 30 多年中，一代代南极考察工作者付出了艰辛，他们在“爱国、求实、创新、拼搏”的南极精神鼓舞下，将我国的南极考察事业从无到有、从小到大、从大到强地建设起来，从而使我国步入到南极考察强国的行列。

南极标志性生物——帝企鹅

我开车前往我们的熊猫码头，去查看周围的冰山和海冰的情况，途中听到有企鹅的鸣叫声，我循着声音寻找，发现在码头的东面和鸳鸯群岛之间的海冰上站着一只孤零零的帝企鹅。我一边慢慢走近帝企鹅，一边给它拍照，这只帝企鹅非常称职地给我做模特，不时变换着动作让我尽情拍照。

企鹅是南极的标志性生物，人见人爱，特别是帝企鹅，它们就好像穿了一件男士的燕尾服，大腹便便、彬彬有礼、憨态可掬。帝企鹅又称皇帝企鹅，是南极洲最大的企鹅，也是世界企鹅之王。帝企鹅身高一般在 1.2 米左右，体重可达

40～50千克。其形态特征是脖子底下有一片橙黄色羽毛，向下逐渐变淡，耳朵后部最深，全身色泽协调，庄重高雅。

帝企鹅喜欢群栖，一群有几百只至上万只，最多者甚至达10万～20多万只。在南极大陆的冰架上，或在南极周边海面的海冰和浮冰上，经常可以看到成群结队的帝企鹅聚集的盛况。有时，它们排着整齐的队伍，面朝一个方向齐步走，好像一支训练有素的仪仗队，在等待和欢迎远方来客；有时，它们排成整齐有序的方队，阵势十分壮观。

南极企鹅具有适应低温的特殊形态结构和特异生理功能。企鹅身披重叠、密集的鳞片状羽毛，仔细看这一层羽毛可以分为内外两层，外层为细长的管状结构，内层为纤细的绒毛。它们都是良好的绝缘组织，对外能防止冷空气的侵入，对内能阻止热量的散失。绒毛层能吸收并贮存微弱的红外线能量，起到维持体温、抗御风寒的用处。企鹅经常站在寒冷的冰面和雪地上，而企鹅的脚不会冻住，这要完全归功于企鹅特殊的身体构造。企鹅脚部的动脉能够依照脚部温度调节血液流动，让脚部获得足够的血液，进而让脚部温度保持在1～2摄氏度，这样就能最大限度地减少热量流失，同时防止脚被冻伤。企鹅体内有着厚厚的脂肪层，特别是那些大腹便便的帝企鹅，脂肪层更厚。脂肪层是企鹅活动、保持体温和抵抗寒冷的主要能源。企鹅怀卵和孵化时，不吃不喝，就是靠消耗自己的脂肪层来维持生命的。帝企鹅爸爸孵蛋时，脂肪层消耗约90%。

帝企鹅的耐寒能力超出人们的想象，想要在零下40摄氏度的条件下孵出小企鹅，可不是件容易的事。企鹅蛋不能直接放在地面或冰面上，否则就会把未出世的企鹅宝宝冻坏，于是企鹅爸爸双脚并拢，用嘴把蛋滚到自己脚背上，不让蛋直接接

触地面。然后，它会将蛋放入自己温暖的育儿袋中。育儿袋如同一床羽绒被一样，给未来的小宝贝制造出一个温暖舒适的窝。成千上万孵蛋的企鹅爸爸为了抵挡南极的寒风，保持体温，通常背风而立，肩并肩地排列在一起，一动不动，不吃不喝，一心一意地孵蛋。

任何一种动物的生存都不是一件轻而易举的事，更何况在自然环境恶劣的南极。南极企鹅就给我们演绎了生命力的顽强和在恶劣环境下的那种坚忍不拔的意志，我们南极考察队员也要向企鹅学习，克服南极的恶劣环境，完成各项科考任务，为人类认识南极、认识地球做出贡献。

保护南极生物，保护南极环境，保护我们的家园——地球，是我们人类义不容辞的责任。

南极考察队员轮流做厨师

昨晚的一场雪挺大，今早整个中山站站区地面都积上了厚厚的一层雪。昨天是周日，按照越冬队员历来的管理方式，在越冬期间每周日让大厨休息一天，由其他队员轮流做厨师。大厨也确实辛苦，到中山站三个多月来没休息过一天，特别是度夏期间考察

队员多，一日三餐不能停，也够大厨忙碌的。春节期间其他队员还能休息一两天，但大厨还需要忙着加餐，让大家吃得更好。

从昨天开始，每周日由其他队员轮流做厨师，每次两位队员。昨天来自四川成都的医生让我们品尝到了正宗四川火锅的味道，火锅底料都是医生从四川带来的。19名队员围坐在一起品尝四川火锅，外面下着雪，屋内大家有说有笑，充满了欢声笑语。

下午，当我走到站区振兴码头处，看到一只体型肥大的威德尔

海豹懒洋洋地躺在码头旁的海冰上。海豹在南极没有天敌，它们可以完全安心地躺在海冰上睡觉。我的脚步声吵醒了海豹，它抬起头看着我，看我在一阵拍照后没有继续靠近，它就继续躺下睡觉不再搭理我了。

随后我去了天鹅岭，那里是中山站科研观测基地，好几个观测

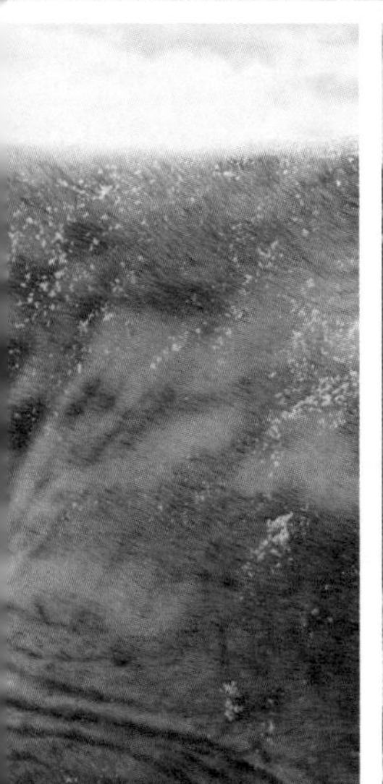

栋都设在那里。在天鹅岭山坡下，我惊讶地看到一只孤零零的阿德雷企鹅站在那里一动不动，这只落单的企鹅也在换毛期，看到它孤单地站在那儿，感觉好可怜。

《中山生活》和《中山大讲堂》

《中山生活》是我在第27次南极考察中山站越冬期间创办的一份周刊，虽然我担任主编，但主要还是由站长助理兼管理员负责编辑，当时在越冬期间连续出版了38期，深受国内同仁和队员的喜欢。编辑《中山生活》周刊的目的是为了丰富越冬队员的文化生活，也为了让国内同仁了解南极考察站的越冬生活，即时传达中山站越冬队员的良好面貌。

《中山生活》上设有“中山站务”“中山科普馆”“中山生活馆”“气象小常识”“中山医馆”“中山画展”等栏目，以多重视角展现我们南极考察站的日常，让读者全面了解南极考察的意义及目前考察站上的实时状况，真实体现南极考察队员的生活、工作情况。

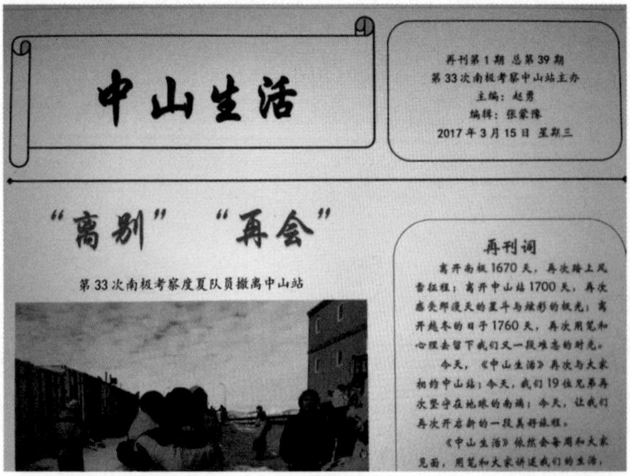

这次我给《中山生活》再版写的发刊词：

离开南极1670天，再次踏上风雪征程；离开中山站1700天，再次感受那漫天的星斗和绚

中山生活

再刊第1期 总第39期
第33次南极考察中山站主办
主编：赵勇
编辑：张蒙豫
2017年3月15日 星期三

“离别” “再会”

第33次南极考察度夏队员撤离中山站

再刊词

离开南极1670天，再次踏上风雪征程；离开中山站1700天，再次感受那漫天的星斗与绚彩的极光；离开越冬的日子1760天，再次用笔和心理去留下我们又一段难忘的时光。

今天，《中山生活》再次与大家相约中山站；今天，我们19位兄弟再次坚守在地球的南端；今天，让我们再次开启新的一段美好旅程。

《中山生活》依然会每周和大家见面，用笔和大家讲述我们的生活，彩的极光；离开越冬的日子1760天，再次用笔和心灵去留下我们又一段难忘的时光。今天，《中山生活》再次与大家相约中山站；今天，我们19位兄弟再次坚守在地球的南端；今天，让我们再次开启新的一段美好旅程。《中山生活》依然每周和大家见面，用笔和大家讲述我们的生活，用眼去发现每个美好，用心去与这白色世界进行交流。来吧，让我们相约，再次走进我们的生活；来吧，让我们携手，一起度过漫长而又短暂的越冬生活；来吧，让我们并肩，共同书写属于我们自己的故事。

昨天晚饭后，《中山大讲堂》开课，中山站全体队员聚集在综合楼一楼会议室。《中山大讲堂》也是为了丰富南极越冬生活，为队员拓展视野、增长知识而开展的大讲堂。由不同专业、不同岗位的队员轮流讲课。这次在度夏期间已经进行了三讲，分别由度夏科研队员来讲课。昨天的《中山大讲堂》是本次越冬开始的第一课，由高空物理观测的队员讲授极光的历史、产生极光的原因，并讲解了如何拍摄极光等内容，深受队员们的欢迎。

蔬菜奇缺的南极考察站

对于南极考察站来说，新鲜蔬菜是非常奇缺的食品，以前考察站每年一次靠“雪龙”号补给食物，“雪龙”号在海上还要航行一个月，到达南极后绿色蔬菜基本上就很难见到了。带到考察站上最多的蔬菜是大白菜、土豆和洋葱——这些比较耐储存的蔬菜。当然等过了南极极夜后，这些蔬菜也基本被吃完。考察站上补给比较多的还有那些没什么营养价值的脱水蔬菜和冷藏蔬菜，队员们往往靠吃维生素片来补充身体所需的维生素。

长期以来，站上会通过发豆芽、做豆腐来改善队员们的伙食需求。

两年前，南极长城站、中山站建造了温室，引进了无土栽培蔬菜技术，为队员们带来了新鲜绿色蔬菜，极大地满足了队员们对新鲜蔬菜的需求。在南极考察站进行无土栽培当然还要

遵守《关于环境保护的南极条约议定书》的要求。

今年，站上又新添置了一台豆芽机，前几天队员们安装好以后马上进行了发芽测试，这两天已经长出豆芽来了。

无土栽培的工作由考察站的越冬队员自己来完成。在来南极前队员们虽然在国内进行过临时培训，但要将蔬菜种植好也不是一件容易的事。这次我们中山站负责这项工作的是随队医生，他下了很大功夫，对无土栽培的蔬菜进行了无微不至的“关怀”，时刻关注着温室的温度、湿度，还要一直为种子洒水。在他的努力下，这批蔬菜种植得非常好，特别是生菜，完全可以满足我们每星期吃两次绿色蔬菜的需求。

为莫愁湖水量担忧

莫愁湖位于南极中山站站区内（“莫愁湖”名字是中山站建站时由当时南极考察队员命名的），是中山站的生命之湖。站上的一切生活用水、发电机冷却水都取自于莫愁湖，如没有它，中山站将无法正常运行。最近我们发现莫愁湖水位越来越低，湖面水位比夏天时下降了有五六十厘米，检查以后发现原因是莫愁湖外

面的水坝漏水问题越来越严重。看到莫愁湖的淡水哗哗地从坝下流入海中，我们非常心痛。在度夏期间，为了补充莫愁湖的储水量，也为了整个冬天中山站能够正常用水，队员们翻山越岭铺设水管，从团结湖上游持续抽了一个月的水补充到莫愁湖中，补充后的莫愁湖水位快达到水坝的最高处。现在看来补充的水基本已流失到海中，莫愁湖又回到了夏天来临前的最低水位。

这个用沙土修建的水坝近年来一直在渗水，原本并不严重，今年度夏快结束时发现这个水坝漏水情况突然加重了，我们当时就对水坝进行了填土压实，但没有取得任何效果，水都是从水坝下的沙石缝中流走的。我们原想等到了冬天，湖水结冰了，情况会有所好转，可目前湖水早已结冰，人都可以在冰面上行走，但漏

水情况并没有好转——在冰层下，水从坝里漏到坝外，在坝外形成了一个挺大面积的水塘，并结起了厚厚的一层冰。

这几天中山站一直是大风雪天气，昨天雪停了，但继续是阴天，风力也没有减小。想到莫愁湖的水一直在白白流失，我坐立不安，只怕再这样漏下去，到冬天时莫愁湖的水会告急，那时会影响到中山站的正常运行。吃完午饭我看到风速稍微减小一些，马上召集站务班班长带着维修工、机械师前往莫愁湖水坝处，查看漏水情况并协商解决方案。根据在现场勘查的情况，我们决定在水坝下方通往海边的地方开挖一条壕沟，找出流水处，挖到冻土层后再填土做坝，把莫愁湖中漏出的水在这个坝处拦截住。施工方案确定以后，队员们冒着刺骨的寒风按分工各自忙碌起来。

站务班队员首先用挖掘机挖土到坝上，然后每填上一层沙土，就开装载机在新沙土上来来回回压实，就这样一层层地修建堤坝。经过一天的努力，一条又宽又高的新堤坝修建完成。这样莫愁湖在原堤坝下漏出之水，在新建堤坝处被拦截，有效解决了漏水问题。我们可以暂时不用为莫愁湖水量担忧了。

LiuGong

中山站男子羽毛球单打联赛开幕

最近几天南极中山站一直是阴天，风力保持在六七级，今年的天气有些特别，“雪龙”号在3月7日离开后，这里一直没有什么好天气，以往在3月份这里晴朗的天气还是比较多的。

为了进一步地丰富队员们在中山站的越冬生活，我们计划在业余时间进行一些室内球类比赛活动，这个提议得到全体队员的拥护和支持。每个队员不管水平怎样，要求全部上场参加比赛。大家踊跃参加，一方面可以锻炼身体，另一方面可以提高队员在越冬期间的生活趣味性。

昨天下午，中山站男子羽毛球单打联赛正式开幕。本次比赛分为小组赛和淘汰赛两个阶段，每场比赛为三局两胜制。

在进行羽毛球比赛的同时，我们计划还要组织乒乓球、台球、

篮球比赛，以及扑克和棋类比赛。总之，我们在南极越冬期间工作之余的生活不会单调，我们希望全体考察队员能克服极夜带来的孤独和风雪带来的严寒，身心愉快地度过这段时期。

黑夜变长

这两天天气转晴，久违的太阳总算跳了出来，我趁着难得的好天气出去晒晒太阳。目前气温已降到了零下 14 摄氏度。但阳光下微风徐徐，并不感觉寒冷。远处的冰山在太阳照射下变得晶莹剔透，新油罐上绘制的十二生肖在蔚蓝的天空下显得栩栩如生，我感觉整个站区充满了勃勃生机。

可惜现在阳光照射的时间越来越短，下午 4 点太阳就西下，黑夜也随之来临。南极中山站自 2 月初结束极昼以来，每天黑夜的时间在逐渐延长，从最初的每天一两个小时，到目前黑夜时间已经超过白昼的时间，能感受到南极的极夜在慢慢临近。南极中山站一般在 5 月中旬进入极夜期，我们还有一个多月的时间，所以趁现在还有足够的光亮，多到外面去走走看看，尽情欣赏南极的美景。

周日轮到气象观测的两位队员主厨，

他俩在厨房忙碌了一天，为队员们烧出了可口的饭菜。

两位机械师在维修保养站区的各类车辆和工程机械。

维修工在利用微生物餐余垃圾处理机处理餐余垃圾，利用焚烧炉焚烧生活垃圾。

南极中山站正常运行的背后，凝结着每一位队员辛勤付出的汗水。

极昼和极夜

极昼和极夜是极圈内特有的自然现象。地球自转时，地轴与垂线会形成一个约 23.5°的倾斜角，因而地球在围绕着太阳公转的轨道上，有半年的时间，南极和北极，其中一个极总是朝向太阳，另一个极总是背向太阳；如果南极朝向太阳，南极点在半年之内全是白昼，没有黑夜；这时，北极就见不到太阳，北极点在半年之内全是黑夜，没有白昼。到了下一个半年，则正好相反。在极圈内的地区，根据纬度的不同，极昼和极夜的长度也不同。

缅怀南极考察前辈

天气晴朗，南极中山站在蔚蓝的天空下显得特别耀眼。今日是清明，清明节是中国的传统节日，也是最重要的祭祀日子。

上午 10 点，除留下两位队员值班外，站内其他队员全都前往双峰山去扫墓，祭奠我国南极考察前辈。

双峰山是位于南极中山站站区内最北边的一座小山峰。它临海的北面岩石上竖立着三座墓碑，墓碑上有 14 个人的名字，他们都是为我国南极科考事业做出了突出贡献的同志。墓碑面向祖国的方向，下边是十几米深的悬崖，远处则是与双峰山遥相呼应的望京岛。海面上的一座座冰山沉默无声，与墓碑相对，好似表达着对前辈们的肃然敬意。

全体队员在三座墓碑前瞻仰并恭敬鞠躬，深切缅怀这些为我国南极考察做出贡献的各位前辈。

我们在缅怀南极考察前辈的同时，也牢记我国南极考察的历史和肩上所承担的光荣使命。我们将继承南极考察前辈们的光荣传统，发扬“爱国、求实、创新、拼搏”的南极精神，克服南极风雪与严寒所带来的一切困难，努力工作，为我国南极考察事业的发展贡献出自己的一份力量。

千姿百态的南极冰山

冰山

冰山是南极的一道靓丽风景，这些形态各异的冰山就像是经过雕刻家精心雕琢过一样，我不禁感叹大自然的鬼斧神工和雄伟壮观。

覆盖南极大陆的冰盖在缓慢地移动，当它们被海水冲击或气温升高时，临海一端的冰盖就会破裂坠入海中，形成一座座大小不等、千姿百态的冰山漂浮在海面上。

目前，据资料记载，最大的冰山长约335千米，宽约97千米，

面积超过比利时整个国家的国土面积。在海面上漂移的冰山看起来很高大，有的高出海面有几十米高，但这些冰山露出水面的部分只是它体积的一小部分，绝大部分在水下，一般比例在1:5至1:7之间。因此，人们常用“冰山一角”来形容事物暴露或显露出来的一小部分。船舶在航行时，看到冰山要远远地避让，因为你不知道它水下部分到底有多大。

以前我在“雪龙”号上工作，经常会使用小艇驳船为中山站补给物资和油料。每当小艇在冰山群中穿梭，大家都会提心吊胆地慢慢

驾驶，生怕惊动了冰山造成冰山倾倒或崩塌，因为一旦冰山倾倒或崩塌，小艇就会艇毁人亡。冰山倾倒是因为它在水下的部分融化分裂，造成冰山头重脚轻，从而引起冰山翻身。我曾见到过两次大冰山倾倒，一次是冰山倾倒时海面上掀起好几米高的浪，另一次小艇还是停在离冰山很远的岸边，但是冰山倾倒掀起的浪把小艇冲到了岸上，可想而知，如果小艇当时在冰山旁边经过，那将造成什么后果。

南极海冰上安装观测仪器

昨天南极中山站又是多云天气，但风力很小，几乎感觉不到有风吹动。下午我们一行6人前往站区西面的内拉湾海冰上，协助兼做海冰观测的气象员在海冰上安装观测仪器。

我们抬着仪器设备首先翻越站区紫金山，来到西南高地旁的兴安岭，准备从这里下到内拉湾海冰上，可没想到这里坡度很陡，我们只能非常小心地一步步往下走，坡度太陡的地方只能坐在雪地上滑坡向下，好不容易才走到平整的海冰上。

在海冰上我们跟着GPS导航设定的路线往前走，寻找安装海冰观测仪器的位置，走到内拉湾中间的海冰上，才到达指定的位置。找到位置后我们开始在海冰上打钻，首先需要把海冰打穿，把仪器探头放到海冰下的海水中。手工打钻器用来钻坚硬的冰非常吃力，队员们轮流摇动钻头，艰难地在海冰上钻洞。

队员在钻冰的同时，我看到不远处的海冰上有一块凸起的冰雪，走近一看，凸起的冰雪中间是一个直径约十厘米的冰洞，我叫海冰观测员过来看看能不能利用这个冰洞来安装观测设备，省得我们再费力打冰洞了。当他刚走到跟前，我就看到冰洞中突然探出一个海豹的鼻孔在呼呼喘气，原来这个冰洞是海豹打穿用来呼吸换气的，海豹不愧是打冰洞专家，它们用牙齿一点点啃冰，竟能把海冰钻出一个洞，它们每天把冰洞中新结成的冰从水下顶破，保持这个冰洞一直存在，以保证它们在水下有呼吸换气的地方。

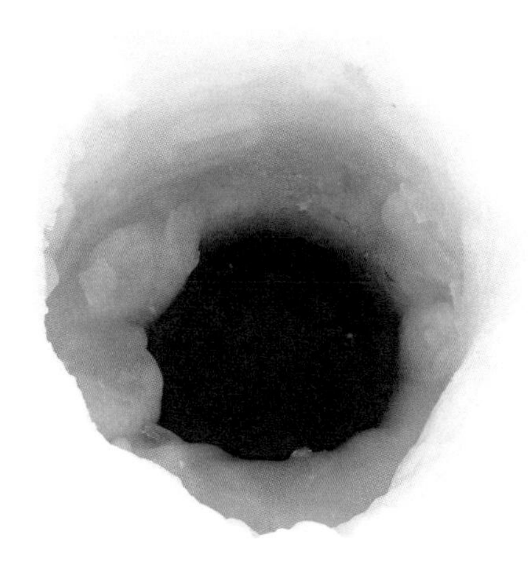

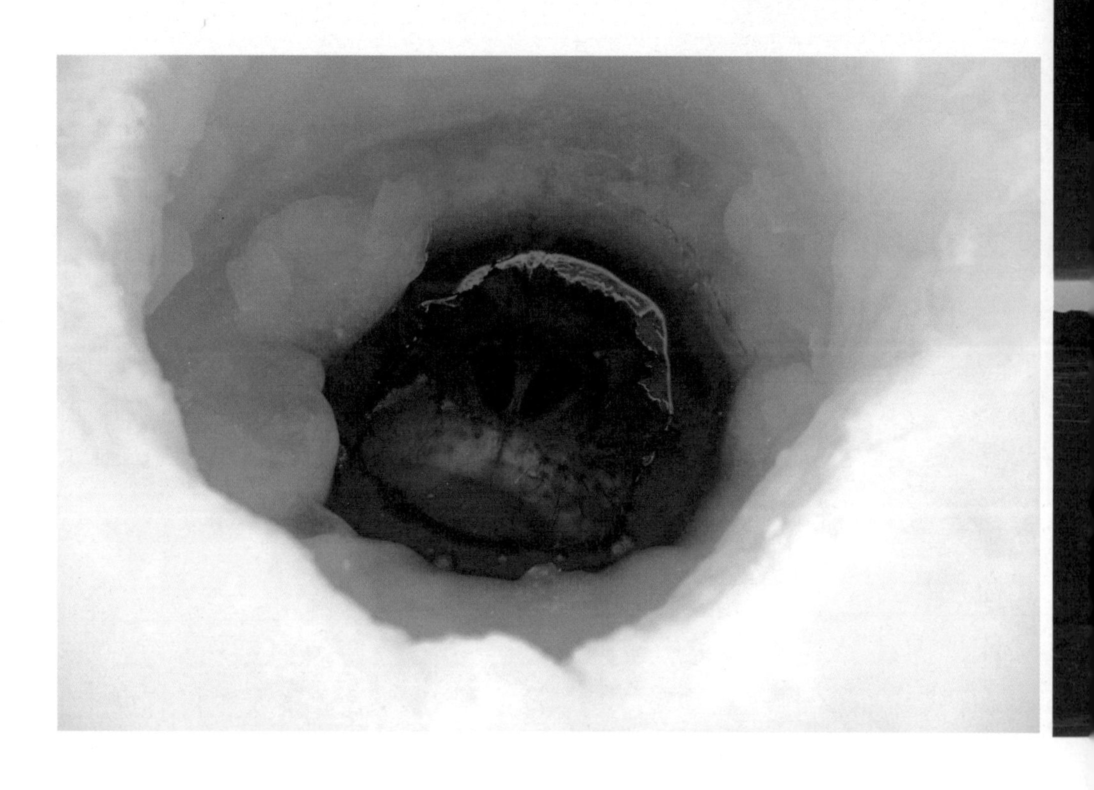

为保证观测仪器的安全使用，海豹使用的冰洞我们就不能利用了，只能继续钻冰打洞。等到将海冰打穿，我们量了一下，海冰厚度有 40 多厘米。

冰洞打穿后，队员们协助观测员安装海冰观测仪器，这个仪器能连续记录海冰的厚度和海水的温度，一天自动工作四次，整个冬天将一直安装在这里进行观测，观测员将不定时过来查看，检查仪器是否正常工作。这只是我们进行观测的其中一个海冰观测仪器，还有两个海冰观测仪器需要安装，不过现在内拉湾外海冰还不够结实，等过一段时间再去安装。

经过队员们两个多小时的努力，海冰观测仪器安装好了，虽然没有风，但在零下二十多摄氏度的海冰上站两个小时还是感觉有

些寒意。安装结束后队员们开始往回走，因刚才下来的兴安岭坡度很陡，要想往上爬会更累，我们就在内拉湾的海冰上往外走，准备绕过西南高地，在站区西岭附近登岸返回站区。

返回途中，西下的太阳从厚厚的云层中透露出来，晚霞照射在雪白的海冰上，景色非常优美，队员们不时拿出相机、手机拍照留念。

中俄考察队员庆祝“太空第一人”纪念日

昨晚，我们南极中山站一行十人应邀前往俄罗斯南极进步站，和他们一起庆祝“太空第一人”苏联宇航员加加林进入太空的纪念日。1961年4月12日，尤里·阿列克谢耶维奇·加加林乘坐东方1号宇宙飞船从拜克努尔发射场升空，在最大高度为301千米的轨道上绕地球一周，历时1小时48分钟，后安全返回降落在萨拉托夫州斯梅洛夫卡村地区，完成了世界上首次载人宇宙飞行，实现了人类进入太空的愿望。

加加林作为第一个进入太空的地球人，开拓了世界航天探索的新时代，是苏联人民的英雄。苏联把这一天定为纪念日，俄罗斯延续这个纪念日至今。每年俄罗斯进步站都会在这一天邀请中山站的队员过去一起庆祝。

到达进步站室内后，他们让我们在一块自制的象征太空的牌子上签名留念，我看到中山站第31次越冬队员在上面的签名，这块牌子应该是两年前就做成的，只不过把下面的60改成了

62，因今年俄罗斯是第62次南极考察。签名后队员们纷纷和这块有纪念意义的牌子合影留念。

随后队员们和俄罗斯队员一起进行了互动活动，有打俄罗斯台球的，有一起下跳棋的，有的队员参观他们室内的陈列墙。苏联进行南极考察较早，是南极考察强国，虽然苏联解体后一度关闭了几个考察站，但作为继承者的俄罗斯目前的科学考察能力还是非常强大。

晚上6点，庆祝晚宴开始，俄罗斯进步站站长安德烈代表进步站全体队员欢迎我们的到来，两国考察队员共同举杯庆祝苏联宇航员加加林完成世界首次载人宇宙飞行。晚宴在欢快的气氛中举行，大家频频举杯，相谈甚欢。

晚上8点，我们告别进步站，返回中山站，期待下次两国考察队员再欢聚的日子。

南极考察队员的业余生活

这几天一直是风雪交加的天气，地上的积雪也被大风刮得到处飞扬，天地一片混浊，不远处的冰山朦朦胧胧的，已经看不出了。中山站离进入极夜还有一个月时间，目前每天白昼时间还有六七个小时，但这点时间也一直是风雪天气，影响了队员们去室外活动。

虽然是持续的大风雪天气，但中山站的各项工作不能中断，后勤保障和科研观测每天必须进行。机械师做好站区各种车辆保养入库；发电班每天 24 小时值班，要确保站区电力的供应，不能因断电而影响到队员进行科研观测数据的连续性。

在南极的生活有苦也有甜。在工作之余，中山站开展了各项丰富多彩的业余活动。队员过生日，大厨都会做好蛋糕来庆祝，全体队员围坐在一起举杯祝福，让队员在南极度过一个难忘的生日。完成一天的工作以后，队员们会围坐在一起喝茶畅谈，交流感情，增进友谊。站内会进行各项体育活动，锻炼身体。台球是最受队

员欢迎的运动项目，《三国杀》也是他们比较热衷进行的游戏。

各种活动的安排与开展，让队员们的情绪得到抒发，情感得以交流，这也加强了整个团队的凝聚力和团结精神，从而有效地帮助我们迎接南极极夜的到来，顺利度过越冬生活，抵御住各种困难的考验。

体验考察队员工作的艰辛

今天早晨，我起床拉开窗帘，一缕温暖的阳光直射进来，久违的太阳终于露面了。昨天下午负责海冰观测的队员要去天鹅岭那边的海冰上查看安装海冰观测仪器的位置，出于对队员安全的考虑，考察队规定不允许一个人出野外任务，所以我和另一名队员陪同前往。

天鹅岭位于站区西北方向，是中山站的科研观测区域，上面有各种科研观测栋。观测员已经早我们一步先行出发，我们约定在天鹅岭下的海冰观测栋碰头。我俩迎着寒风首先翻越气象山，然后到达一片相对平坦的乱石区，从这里到天鹅岭的路上基本都是风口，整个山上都没有太多的积雪，但因为风力大，走路感觉非常艰难，不时被风吹着走，从综合楼到天鹅岭大约有 1 千米的路程。

我俩到达天鹅岭最北端后，还需要走到山脚下的海边，因为海冰观测栋在那里。从天鹅岭到山坡下海边有20多米高的垂直距离，坡度在45°左右，为了便于观测员每天上下坡，我们已经在山坡上拉好了绳索。但即使有这根绳索，在大风天气中上下坡还是很不方便，我们拉着绳索慢慢下坡，艰难地来到海边，体验了一下观测员每天在这里上下坡的艰辛。现在没到极夜还能看清脚底下的路，进入极夜后，光线暗，行动起来更不方便。

我们在海冰观测栋集合后一同前往海冰面上，观测员手持GPS确认方向和距离，走了一百多米我们就找到了需要安装仪器的位置，在海冰上做好记号后我们返回，等待天晴后再带着仪器去安装。

我们走在平整的海冰上，看到一个个形状各异的小冰山，这些小冰山就像是被精心雕琢过一样，千姿百态，我们感叹大自然的神奇，可惜是阴天，否则在阳光照射下这些冰雕一定熠熠生辉。

我这样跟着气象观测队员走了一圈后，深切体会到了他们每日工作的艰辛，其他任务的队员也是如此，日复一日地坚守在自己的工作岗位上，在完成自己的本职工作后，平时业余时间还要帮忙干一些集体的站务劳动。在远离祖国的风雪南极，为了南极考察事业，他们付出了很多，同为南极考察队员，我不禁心中感到骄傲和自豪。

帝企鹅来访

喜遇帝企鹅

中午，我们正在餐厅吃午饭的时候，有队员发现不远处海冰上有一群企鹅向中山站走来，大家都涌向窗口观看：一群帝企鹅在一边玩耍一边向站区靠近。在南极中山站能遇上一群帝企鹅是非常难得的事，以前一两只迷路的帝企鹅还能偶尔见到，但成群的帝企鹅根本不敢奢望能遇见，所以队员们非常兴奋，放下碗筷迅

速穿上外衣带着相机就冲出门，生怕错过了欣赏帝企鹅的机会。好多队员还是第一次见帝企鹅，兴奋的程度可想而知。

我看过法国导演吕克·雅克特拍摄的纪录片《帝企鹅日记》，会被影片中那些身处南极极端寒冷环境仍然坚忍不拔的企鹅爸爸妈妈们所感动，南极并不是一片寂静的死地，南极帝企鹅在这样的特殊环境里创造了生命的奇迹。企鹅是严格的一夫一妻制，每年四月份在南极进入冬季时，帝企鹅便上岸寻找安家的避风地。它们寻找配偶，过起家庭生活。

《南极条约》规定，南极动植物是受到严格保护的，决不允许人类近距离地去打扰，所以队员们只能远远地观望帝企鹅并拍照。帝企鹅们也不时变换着队形“配合”队员们拍照，有时站立，有时趴着滑行，有时排着队摇头晃脑着向前走，真是万分可爱。

帝企鹅每年繁殖一次，每次只产一枚蛋。为了保护小企鹅不遭受天敌——贼鸥的攻击，它们通常选择在南极严寒的冬季，在冰上

繁殖后代。企鹅妈妈在产卵过程中消耗了大量的体能，早已饥肠辘辘，于是产卵后就要离开家奔向海边觅食，把孵蛋的重任交给企鹅爸爸。企鹅爸爸在孵蛋期间聚集在一起，相互取暖，共同抵御严寒。大约60天后，企鹅妈妈吃饱喝足，膘肥体壮，从远方回来，在成群结队的企鹅群中能准确地找到自己的丈夫。这时候，企鹅宝宝才刚刚孵化出来，企鹅妈妈从企鹅爸爸怀中接过企鹅宝宝，再次担当起养育后代的重任，用它在胃中储存的营养物质喂养企鹅宝宝。骨瘦如柴、筋疲力尽的企鹅爸爸卸下养育重担后，直奔远方的大海，去海中捕食美味的南极磷虾。

现在，帝企鹅排着队来到中山站广场，等待中山站队员的“检

阅”。帝企鹅在观看中山站建筑的同时，不时还聚在一起“交头接耳”，仿佛在评论中山站建筑的雄伟。参观结束后帝企鹅们还不忘在中山广场石碑前留念，然后排着整齐的队伍离开中山站向远处的海冰走去，队员们纷纷向它们挥手告别。

中山广场

行走于冰山之间

早晨，南极中山站站区天空晴朗，没有一丝云彩，到8点多，太阳从远处冰山后升起，时隔多日的阳光总算又照射到中山站，虽然最近室外气温一直保持在零下20多摄氏度，但队员们是不会错过出去晒晒太阳的机会。因为4月份以来阳光就很少遇见，而且还有一个月中山站即将进入极夜，到时想见阳光也只能是梦想。

吃完午饭，我和几个队员一起外出前往海冰那边去看冰山，目前站区周围的海冰已结得非常厚实，连车辆都能在上面行驶，人走在海冰上是安全的。我们从站区出发，直接向着冰山的方向走，

站区前面的海冰还算比较平整，上面有一层薄薄的积雪，走在上面比较舒坦，并不感觉到费力。较远处的海冰上有大大小小的冰山矗立着，我们一边欣赏着这些形状各异的冰山，一边往冰山丛中行走。

平时我们都是在站区远远地欣赏这些海面上的冰山，今天身临

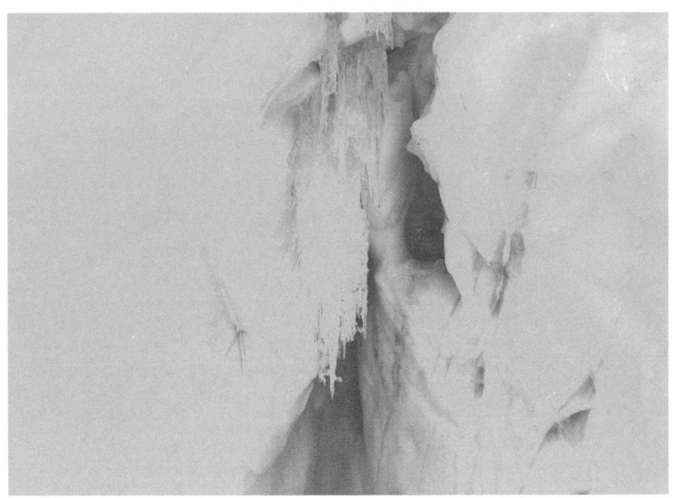

其境，在众多冰山之间穿插，欣赏着它们千姿百态的形状。这些冰山大小不一，形态奇特。我们感叹大自然的鬼斧神工，能把这些冰山雕刻得如此美丽。

在一座冰山中我们还发现有一个很大的天然冰洞，我们攀爬进去，冰洞中的自然美景让我们惊叹不已，一排排滴水状的冰柱悬

挂在冰洞的上方，像房间中悬挂的装饰吊灯。队员们在冰洞中欣赏着这些绝美景象，仿佛置身于仙境之中。

我们在冰山丛中呆了两个多小时，本想走远一点再多看一些美景，可每一座冰山都有独特的魅力，让我们流连忘返，以至于我们一直在冰山丛中转悠，都没走多远。眼看着太阳西下，天快要黑下来了，我们只能依依不舍地往回走。

希望以后还有机会，我们再过来欣赏这些冰山美景。

大潮汐

今天又是一个晴天，早上 9 点多太阳从远处冰山后升起，到下午 2 点多就落下去了，原本太阳从西边落下的，现在已经转到西北方向落下。等到日出日落都移到正北方向的时候，我们就进入极夜，太阳整天都会低于地平线，我们离这一天已经不远了，还有不到一个月的时间。

昨天南极中山站外海平面大潮汐，是我这次来到中山站后遇到的最大一次大潮。午饭后我正在下广场散步时，听到海冰发出阵阵爆裂声。海水在强大引潮力的作用下顶开50多厘米厚的海冰向站区涌来，瞬间中山站下广场有一半场地被海水淹没。

经过一个月的精彩角逐，中山站羽毛球循环赛终于落下帷幕。队员们在业余时间里历经小组赛、八强赛、四强赛一场场激烈比赛，最终站区大厨艰难取得首届中山站羽毛球循环赛单打冠军。

大家为取得比赛前三名的选手举行了颁奖仪式，还为他们搭建了简易的领奖台。在国歌

声中获奖选手走向领奖台，队员为他们献上了塑料做的鲜花。

虽然奖品是一些小小的纪念品，但获奖队员还是非常高兴，因为意义非凡。

南极中山站遭遇暴风雪

暴风雪来袭

今日，南极中山站开始飘起了雪花，上午因风力不大，雪花给整个站区裹上了一层白色的银装。下午风力逐渐加强，风速达到9级以上。我督促队员们检查各栋建筑的门窗是否关好，因为接下来的风力将会更强。

今年南极中山站这里的天气有些异常，进入冬天以来多是阴天，但暴风雪还没出现过，这是我这次来南极后遇到的第一场暴风雪，以前在越冬期间三四月份就会遇见暴风雪。

晚间风力在持续增强，达到了 10 级以上。我躺在床上听着外面咆哮的风声久久无法入眠，感觉整个宿舍楼都在颤抖，真担心哪栋建筑或设施不牢固而被强劲的风给刮跑了。

第二天早晨，远处的天空映出了一些霞光，雪停了，但风速一点没有减弱。早饭后我看到太阳在慢慢升起，想出门去站区转一圈，没想到刚走出门外，强劲的风力就把人吹着跑。我转过身想返回综合楼，一阵阵风沙吹在脸上阵阵发痛，眼睛都无法睁开，只能侧着身往回走，花了好大力气才回到综合楼，真切感受到了南极暴风雪的威力。

下午又刮起了8级大风，暴风雪夹带着地上的积雪到处横冲直撞，原本地上一层厚厚的积雪被吹得一干二净，在背风的地方形成了许多高高的雪坝。南极地区气候很干燥，下到地上的雪都像面粉一样，因为寒冷，这些积雪也不会融化，被大风一吹，就开始漫天飞舞。人在外面顶着风雪行走眼睛都无法睁开，这给队员们去各自工作场所造成很大的影响。

尽管南极的暴风雪威力非常大，但我们的考察队员仍然坚守在各自的工作岗位上，特别辛苦的是科研队员，他们要顶着暴风雪去各自的科研观测栋做观测记录。比如，每天四次的气象数据观测，不能因任何原因而中断。中山站各个科研栋离宿舍楼挺远的，有的还需要翻山越岭，他们每天要来往多次。

安装海冰观测仪器

今天早晨我向窗外望去，看到在昏暗的晨曦中天边已经出现了一点霞光，心想今天的日出一定很漂亮。上午 9 点多我带着相机来到室外，等待拍摄日出。9 点 30 分，我抬头眺望，远处地平线处的朝霞越来越红，真是日出朝霞红似火。在我的期待中，太阳慢慢地在远处冰山后升起，在霞光的照射下白色的冰山也渐渐被染上一层红色，越来越红，仿佛燃起了熊熊大火。

等到太阳完全升起，我们一行6人开着两辆雪地摩托车携带着仪器设备前往站区熊猫码头外的海冰上，协助观测员安装第三套海冰观测仪器。我们在冰山群中寻找到一大片平整的海冰，然后在上面钻冰打洞安装仪器。

完成任务后，我们顺便在周围的冰山群中转悠，欣赏那些美丽的冰山。南极有太阳的时候，感觉空气特别清新，让人心旷神怡，碧蓝的天空中没有一丝云彩，阳光照在冰山上，冰山显得更加迷人。

南极是远离尘嚣的荒芜之地、冰雪世界，在这种纯净的自然环境中，我们能感受到一种直抵心灵的纯净。在南极的工作经历是每一位考察队员宝贵的精神财富，值得被铭记一生。

在冰盖出发基地体验内陆队员生活

今日南极中山站天气晴好，风力也不大，是难得的微风。太阳升起后，我们一行五人驾驶雪地车前往内陆冰盖出发基地，给站区的车辆补给机油、齿轮油。之前我们中山站在给各种车辆做保养时已将站区库存的机油、齿轮油用尽，听站务班长说内陆出发基地还有库存，因为他原是内陆队的机械师，对这方面的情况比较清楚。

趁着好天气我们决定跑一次冰盖出发基地。近两个月没去出发基地了，刚开始我们以为路可能不好走，估计冰盖雪地上原有的的车辙被风雪掩埋，无法辨别道路和方向。但意想不到的是，我们刚经过俄罗斯进步站，一路上都能看到雪地车的车辙，原来俄罗斯队员一直开车前往冰盖出发基地。我们驾驶着雪地车一路随着车辙翻越两座山后来到冰盖上，很远就能看到茫茫雪原上我们内陆队停放在那儿的一排排整齐的内陆舱。

因冰盖上强劲风雪的缘故，在一排排内陆舱、油罐的背风面，都积起了一堆堆形状各异的雪坝，今年到目前为止降雪量还不大，如果降雪量增加，那这些堆积起来的雪坝还要高大，有可能会把舱室掩埋。

普里兹湾外的海面上已经全部结冰，一座座高大的冰山零星点

缀在海冰上，还能依稀看见远处海岛上的印度巴拉提站建筑物。

我们在各个舱室中寻找车辆机油和齿轮油，并把所有车辆备用电瓶全部收集起来，准备带回中山站做维护和充电保养。干完这些活儿，已经到了中午，虽然是晴天，但在冰盖上感觉非常寒冷，我本想早点回去，但站务班长提议大家在这里吃个午饭暖和暖和后再返回中山站。

我们找到带有厨房的舱室，在里面找到一些方便面、鸡蛋和火腿肠。打开煤气灶，洗锅，取雪烧水，一气呵成。我们把结成冰的鸡蛋和火腿肠先用热水解冻，然后再下方便面，不一会儿一大锅方便面煮好，我们五个人每人吃了两大碗。我感觉这是我人生中吃方便面味道最美味的一次，我们体验了一下内陆队员在冰盖上的艰苦生活。

离开冰盖出发基地后，在返回中山站的途中，我们先来到内陆队停放五辆卡特雪地车的地方，查看雪地车的状况。发现有两辆雪地车外的帆布罩已经被风撕碎，我们把帆布罩外面用网兜罩住，防止帆布罩进一步被损坏。

检查完卡特雪地车，太阳已经落下，晚霞映红了周边的云层。我们驾驶着雪地车在晚霞中返回中山站。

前往俄罗斯进步站

目前南极中山站在下午 3 点的时候已经完全天黑。昨天天黑后升起的月亮非常明亮。我们中山站 11 名队员在月光下乘车前往俄罗斯进步站，参加他们庆祝卫国战争胜利纪念日的活动。

1945 年 5 月 8 日午夜时分，德国法西斯无条件投降的签字仪式在柏林举行，投降书从 9 日零时开始生效。因此，苏联将每年的 5 月 9 日定为卫国战争胜利日，从那时起每年举行纪念活动。俄罗斯沿袭了这个传统。

我们到达进步站后，安德烈站长给我们播放了在俄罗斯莫斯科红场举行的纪念卫国战争胜利72周年阅兵仪式的录像。

傍晚时分，晚宴开始，俄罗斯队员准备了丰富的菜肴。

安德烈站长发表了讲话，大意是：中国和俄罗斯两国在二战中共同抵抗法西斯并取得了胜利，今天两国考察队员又相聚在南极，一起庆祝反法西斯胜利日，一起缅怀革命先辈，等等。他说完后大家共同举杯，庆祝晚宴正式开始。

晚宴的气氛非常热闹欢快，双方队员已经都是相识多时的老朋友，在南极越冬考察这种特殊的环境下，大家已经建立起特殊的纯洁友情。

在冰山群中探路

今天太阳出来前，朝霞映红了北方的天空，9 点 30 分太阳跳出远处的海冰面，但不一会儿就被厚厚的云层遮挡住了。虽然太阳躲在云层后，但风力很小，旗杆上的旗帜都静止不动。

这么难得的一个好天气，我决定派几名队员驾驶着雪地摩托去海冰上探探路。目前站区前面的海冰上冰山丛生，我们必须在冰山群中探出一条路来，一条能尽快到达冰山外面平整的海冰面上的路线。最起码要延伸到站区外 20 千米的海冰面上，我们要在那里测量海冰的厚度，为下次“雪龙”号的到来报告海冰情况，并提供路线图，以便我们到时能利用雪地车将物资从“雪龙”号上运输至中山站。

吃完午饭，我们一行 5 人驾驶着两辆雪地摩托和一辆小四轮往海冰上的冰山群方向出发，刚出站区下广场到达海冰上就被一堆堆碎冰挡住去路。好不容易找到一条通道，但在平整的冰面上行驶没多久，又被前面的冰山群拦住。我们驾驶着雪地摩托就在冰山群中来回穿行，碰到冰山拦路就转头再找其他的路。

在冰山群中每找到一段通畅的路，我们就在冰山上做个记号，方便以后行车。

在冰山群中来回寻找路线的同时，我们也将一座座形态各异的

美丽冰山收入眼中。

这不，一座蓝色冰山吸引了我们的目光。这座蓝色冰山中有一个天然的冰洞，冰洞里四通八达，还有一根根天然冰柱立着，就像一个宫殿。

经过近一个小时的寻找，我们终于穿过冰山群来到一望无际的平整海冰面上。不过这条路有几个地方的表面还是有很多高高低低的碎冰，雪地摩托走起来没问题，但雪地车要通过的话还是很困难的。我们又在冰山群外的海冰上转悠了一圈，但没能找到更适合行车的路线，此时看看太阳即将落山，怕天黑了找不到回去的路，只能沿着原来的路线返回站区。花费了一下午时间，我们虽然找到了一条出入冰山群的路线，但感觉还不够理想，计划下次好天气的时候再出去寻找更适合行车的路线。

南极越冬考察队员合影陈列墙

最近几天南极中山站都是少云天气，昨天气温已骤降至零下29摄氏度，在室外已感觉到刺骨的寒意。目前白昼的时间越来越短暂，还有半个月南极中山站就将进入到极夜。

趁着现在还能见到一会儿太阳，昨天中午中山站全体队员来到中山广场集合，拍摄我们第33次南极考察中山站19名越冬队员的第一张全家福照片。我们来到南极中山站已经五个半月了，队员们每天有各自的工作要做，大家一直忙忙碌碌没时间凑在一起来拍合影，拖到昨天总算完成了。

南极考察站有一个传统，就是每批越冬考察队员的合影照都会悬挂在考察站的陈列墙上，作为永久的纪念，这是只有越冬考察队员才能享受的殊荣。南极中山站建站以来，除了第一批先行者，后面批次的越冬考察队员的合影照都已悬挂在陈列墙上了。

我们把这些合影照悬挂在新综合楼会议室宽大的墙面上，并按照历次考察的时间顺序悬挂，方便考察队员浏览，这也是南极中山站珍贵的历史资料。

从一张张合影照中，我们可以看出随着时间的推移，中国南极中山考察站的壮大历程和越冬考察队员的生活条件在不断改善。

1988年11月至1989年4月，中国开展了第五次南极科学

考察活动。此次考察其中一个任务就是建立中山站，1989年2月26日中山站建成。考察队首次在中山站越冬并进行冬季科学考察。那批越冬考察队员当时因为条件限制没能留下一张合影，于是他们做了一块牌子，每位考察队员将自己名字写在上面，作为留念。随后几年的越冬考察队员有了黑白的合影照，那时他们拍完照以后就在中山站自行冲印黑白胶片。再后来有了彩色相片，但中山站没有条件冲洗，拍好合影照后考察队员要把胶卷带回国内冲洗，然后委托下一批次的考察队员带往南极挂上墙。自从有了数码相机后，一切都变得方便起来，越冬考察队员可以随意挑选满意的合影照打印出来，并制作相框后悬挂起来。

历次南极考察的越冬队员都为中国南极考察站的发展壮大做出了努力，奉献了青春年华，他们的合影照和名字将被南极中山站永远铭记，这激励着一批批南极考察队员勇往直前，为我国南极考察事业的发展而奋斗。

空间天气日

5月20日，特大风暴开始袭击南极中山站，根据气象预报，最大风力将达到13级以上。这是今年以来南极中山站遭遇的最大一次风暴。天空昏暗，地上残余的积雪被吹得狂卷，人在风中已无法站定，疾风会吹动着你一路狂奔。

还有一个星期，南极中山站将进入最难熬的漫长极夜。极夜和狂风暴雪将考验我们的意志。

为普及科学知识，弘扬科学精神，提高全民科学素养，中国极地研究中心与相关单位定于今日举办空间天气日科普活动，活动主题为“空间天气与人类活动”。极地中心会面向社会公众开展科普讲座，开放极地科普馆，并和南极中山站进行视频连线，为青少年答疑解惑。

南极中山站时间上午8时许，中山站全体队员在会议室集中，

和位于上海的中国极地研究中心进行视频连线，为在场的学生们就南极科考方面的相关问题进行答疑解惑。视频那头的学生们非常踊跃地向我们提出了各类问题，我们的队员耐心地一一进行解答，同时我们还鼓励孩子们学好基础知识，勇于创新，敢于拼搏。场面非常热闹，我们希望为培育和提升孩子们的科学素养尽自己一份力。

正好今天南极中山站遭遇风暴，室外摄像头拍摄的风暴画面也让学生们直观地了解到南极的恶劣环境和考察队员克服困难、积极工作的精神。

最后学生们在镜头前依依不舍地与我们道再见，并祝愿在南极的我们工作顺利！

特大风暴

前天南极中山站的特大风暴持续了一整天，直到昨天凌晨才减弱，这次风暴最大风速达到 39.3 米 / 秒，是十年来南极中山站遭遇的第二大风暴，最大一次出现在 2012 年 6 月，最大风速达到 40.5 米 / 秒。

13 级超强的大风，仿佛要把一切都撕碎，然后卷走。如此大的风暴给队员们的出行带来了极大的困难和危险，从越冬宿舍楼到

综合楼短短十米长的连廊，我们也无法顺利通过。几名队员的帽子、眼镜都被强大的风暴吹得无影无踪，有名队员甚至被风吹得摔倒在连廊上，好在他用手抓住了牢固的栏杆，否则后果不堪设想。住在度夏宿舍楼的几名队员都是绑在一起才能走到综合楼来吃饭。

特大风暴过去后，队员们赶紧检查站区的各栋建筑和设施。我

们发现老车库一个升降卷帘门被风吹散架，房顶两块铁皮也被吹走了；综合楼房顶同样遭到破坏，几块铁皮被风撕裂吹得不见踪影。其他的建筑物和设施则损失不大。

⑫ 极夜

极夜来临前的准备工作

南极中山站将在三天后进入极夜，到时太阳全天 24 小时在地平线以下，我们见不到太阳。按照中山站太阳天顶角的预报，南极中山站今年将有 52 天极夜期，比往年少了几天。

前几天袭击南极中山站的强风暴已经过去，但这几天的平静只是极夜来临前的短暂宁静，根据气象预报，后天南极中山站又将遭遇强风暴。

目前白昼只有每天中午前后两三个小时的时间，中山站正在组织队员在这短短的两三个小时里做极夜来临前的各项准备工作：临时修复前几天强风暴对站区几处建筑造成的部分损坏，检查各栋建筑，等等。大家做好迎接更大风暴来袭的准备。

南极中山站在特大风暴中迎来极夜

经过连续几天阴天的平静，南极中山站昨天中午开始再次遭遇13级特大风暴的侵袭，最大风速超越南极中山站十年来的最大风速40.5米/秒，达到41.1米/秒，创造南极中山站最大的风速新纪录。暗无天日下强大的风力扫荡着中山站，地面上残留的积雪早被劲风吹得荡然无存，只有站区一栋栋建筑矗立在强风中，接受着特大风暴的考验。

整夜的咆哮风声让人心惊胆战，我躺在床上感觉房屋在微微颤抖，连床都在摇晃，久久无法入睡。这样的

风暴持续到第二天中午还没结束，虽然风力稍微小了一点，但还是保持在10级风速以上。

我们在特大风暴中迎来了极夜。

本来希望在极夜来临前能见一下极夜前的最后一缕曙光，可接连十天的阴天让我们的愿望落空了，最后见到一点曙光还是在十天前，等于我们提前十天进入极夜期。

希望这次的特大风暴早点离去，不要再去创造风速最高纪录了，让我们在南极中山站度过一个平静安逸的极夜期。

在长达50多天的极夜里，见不到太阳，身处暗无天日的环境，加上零下三十几摄氏度的酷寒和暴风雪，以及抑制不住思念家人的那份情绪，给我们生理和心理造成了一定的困扰。

但是极夜的残酷可以撼动室外的冰雪，却撼动不了我们坚定的意志。我们已做好充足准备，秉持着“快乐越冬，和谐越冬”的目标，团结在一起。南极中山站的19名越冬队员必将欢笑着迎来新的曙光。

中俄南极考察队员欢度端午佳节

今天是中国的传统节日——端午节，我们中山站邀请了附近的俄罗斯进步站和印度巴拉提站的队员过来一起欢度端午节，但印度站最终没能过来，因为目前海冰还不是太厚，雪地车还不敢在海冰上行驶，再加上是极夜期间，黑天在海冰上找路很困难，所以他们不能前来。

下午，中山站队员开始忙碌，准备晚上和俄罗斯队员的晚宴。等到俄罗斯队员如约而至，中俄两国南极考察队员在中山站举行的端午节晚宴就正式开始了。首先我代表中山站全体队员欢迎俄罗斯

队员的到来，并介绍了中国传统节日端午节的由来，另外希望两国考察队员继续互相帮助、经常交流，共同战胜南极的极夜和寒冷，圆满完成各自在南极的考察任务。随后我邀请两国考察队员共同举杯庆祝中国的端午节。

晚宴上我们为俄罗斯考察队员送上了中国的粽子，让他们尝尝我们端午节传统美食的味道。他们品尝后都说味道好，好多队员都说是第一次吃到中国的粽子，还纷纷给粽子拍照留念。

晚宴气氛浓烈，中俄两国考察队员相互敬酒，非常热闹，给寂静寒冷的南极带来了欢乐与暖意。虽然我们的语言并不相通，但在这样的场合已经无需听懂对方说什么，只需要一个动作、一个笑容，就会让双方队员明白彼此的心意，大家在连猜带比划中增进了友谊。

欢度端午佳节的晚宴在欢乐祥和的气氛中结束，两国考察队员相聚在南极，这是一种缘分，所以双方队员都非常珍惜这样的欢聚时光。晚宴结束前安德烈站长邀请我们 6 月 21 日仲冬节去俄罗斯进步站，和他们一起欢度南极的仲冬节，我们彼此都期待着下次聚会的日子。

测量内拉湾冰层厚度

南极中山站已经进入极夜，但在每天中午的时候，地平线下的太阳光会反射上来，如果遇上晴天或少云天气，那地平线下反射上来的光线会非常明亮。昨天中午 11 点多，地平线下的太阳光反射上来，染红了天边的云层，呈现出绚丽的霞光。但这样的景色只持续了短短一个小时左右的时间，霞光消失后，天空也就黑暗下来。

目前每天中午，天空有两个小时蒙蒙亮的时间，队员可趁着这段时间开展各项室外工作。为了充分利用中午这宝贵的两个小时，从昨天开始中山站调整开饭时间，午饭时间由原来的中午 12 点，延迟到下午 1 点 30 分，晚饭时间由原来下午 6 点延迟到 7 点。

中午，中山站站务班队员在班长的带领下协助海冰观测员测量内拉湾冰层厚度。测量所用的冰雷达仪器安装在一条小船上，由小四轮拖着小船在海冰上一边行驶一边测量冰层厚度。为避免坐在小船上的海冰观测员颠簸，小四轮只能慢速前进，但这样的行进速度实在是太慢了，整个内拉湾全部转一圈不知要花费多长时间。为了提高测量工作的效率，站务班长提议把冰雷达直接安装在雪地摩托车后座，这样就能加快速度。于是队员们把冰雷达从小船上移到雪地摩托车上，绑扎固定后开始测量海冰厚度。

队员们骑着雪地摩托快速地向内拉湾深处驶去，测量速度得到了很大提高，我想以后每周在整个内拉湾海冰上测量一次冰层厚度也就没什么问题了。

极夜

极夜是地球南北两极特有的一种现象，在南北两极经历过极夜的人，尤其会感到阳光的可贵；也只有经历过极夜的人，才会感受到这段时期心情的跌宕起伏。不经历黑夜的沉闷怎会有阳光下的欢乐，不经历南北极的极夜怎会勾起对阳光的美好回忆。

进入极夜的南极变得越来越安静，漫长的黑夜中只有站区里的几盏路灯在零星地闪烁着。随着极夜期的深入，南极中山站中午的那点亮光已越来越昏暗，时间也越来越短暂。暴风雪毫不留情地要展示一下它的威力，12 级以上的超强风暴、漫天飞舞的大雪、站区堆积的高高雪坝，给队员们的出行制造了重重阻碍。暴风雪中每位队员出门只能结伴而行。令人心惊胆战的呼啸风声再一次显示了南极这个“风极”的威力。

当极夜来临之后，队员们的生物钟已经紊乱，心理上会产生些许的躁动与不安，当前最大的需求是能安然入睡。面对极夜

期间的种种困难和不适应，从容应对、乐观勇敢是我们最大的制胜法宝。

进入极夜后，室外的工作项目减少，队员们的业余时间相应地增多。站上开展各项体育活动和中山大讲堂深受欢迎，大家聚在一起也是调节心情的最好办法。自从半个月前我们制作了两个圆桌后，大家围坐在一起吃饭，非常热闹。但有队员又提议 19 名队员分坐两桌还不够热闹，最好能围坐在一个桌上吃饭，就会更加热闹。说干就干，站务班班长带着队员开始着手制作大圆桌，经过一个星期的策划和制作，一个直径 3.45 米的大圆桌制作完成。昨天拿到餐厅开始组装，组装完成后当晚我们 19 名队员围坐在一起吃饭，其乐融融，大家情绪非常高涨。

极夜带来的也不全是负面影响，晴朗的夜空中不时出现的绚丽

极光则给我们带来了惊喜。极光似乎知晓了我们在极夜期间的寂寥，时不时在天空中展示最美丽、最绚烂的问候。感谢梦幻极光在寒冷的黑夜中为我们增添了丰富的视觉盛宴。

寻找去印度站的路线

这两天南极中山站风速较小，但气温仍是零下二十多摄氏度，人在室外还是感觉非常寒冷。昨天中午 11 点多，天刚蒙蒙亮，大半个月亮还挂在半空中，我们一行 4 人冒着严寒骑着两辆雪地摩托出发，去内拉湾海冰上测量海冰厚度。这项工作每周一次，观测

员坐在雪地摩托后面用冰雷达测量整个内拉湾的海冰厚度。我们到达内拉湾深处后，在自动观测海冰厚度的仪器旁手动钻冰，把海冰打穿后测量海冰厚度。昨天测量的海冰厚度是 92 厘米，这个厚度要比往年薄，可能今年天气寒冷程度还不够。

今天，我们一行 6 人骑着两辆雪地摩托和一辆小四轮前往海冰去探路，计划在海冰上寻找一条通往印度巴拉提站的路。印度巴拉提站位于冰盖旁的一个岛上，距离中山站 10 千米左右。在度夏期间两站的人员往来都是靠直升机运送，进入冬天后，只能靠在海冰上行驶车辆往来。前几个月海冰厚度不够，我们不敢在海冰上行驶车辆，所以到目前为止还没有和印度站往来过，他们也没派人来过我们中山站。

前两天印度巴拉提站给我们发出邀请，让我们下星期去他们那里一起庆祝仲冬节，所以我们要在海冰上探路，寻找一条去印度站的安全路线。

在海冰上探路只能在中午，那时有点亮光时间有利于看清地形。经过我们在海冰上一路转圈寻找，总算找到一条通往印度巴拉提站的路线，找到后我们也没进入他们的站区，因亮光时间有限，我们得赶紧往回赶，并熟记路线，便于下次能顺利地前往。我们回到站区已经是下午 1 点，此时天空已经暗下来了。

保护我们的家园——地球

中山站在本月进行大气成分观测时，持续多次观测到南极大气中的二氧化碳浓度已达到400毫克/升，这表明了这个地球上空气最纯净的地方空气中的二氧化碳浓度值已到达一个新的标杆值。

中山站的大气成分观测栋位于站区西北面的天鹅岭。大气中二氧化碳的测量包括现场连续观测和每周的空气气瓶采样两种方式。采样的空气会被送到国内实验室用以比对和评估现场观测数据的准确度。此外，天鹅岭的现场观测还有不同级别的标准气体用于对仪器的定期校准。这些放在高压气瓶内的标准气体分别溯源于我国国家标准中心的气体浓度标准以及世界气象组织主导的国际标准气体浓度。

大家知道，动植物的呼吸、火山爆发、地震等自然过程均会排放出大量的二氧化碳，但这些二氧化碳总体上被植物的光合作用和海洋吸收，自然大气中的二氧化碳保持着相对稳定和平衡的状态。

我们的地球因为有着合适密度的大气，特别是因为有了温室气体（如水汽、二氧化碳等），地球在接收太阳辐射的同时也将太阳的一部分能量存贮起来，地球大气就像一层棉被一样，保存着这部分热量以免散失到宇宙空间去，这是地球与月球、火星不一样的地方，因而地球表面的温度没有出现日夜剧烈的变化，生命才得以存

中山站天鹅岭各科研观测栋

在和维持。但是当前随着二氧化碳浓度不断地上升，势必会造成这个“棉被”厚度的增加，使得地球表面的温度上升，影响到现在的气候平衡，这就是全球变暖的气候效应。在目前太阳系的八大行星中，金星因为被厚厚的温室气体包围而存有强烈的温室效应，地表温度达到几百摄氏度，根本无法让生命得以生存。

20世纪七八十年代以后，随着人类对环境保护的重视，全球有多个站点对大气中包括二氧化碳在内的温室气体进行观测，其中28个站点被世界气象组织列为代表全球背景的观测站，它们均位于荒无人烟的极地、高山、海岛或沙漠，这些地方较少受到人类活动的直接影响。在这些地方所测量的数值代表着大气中一个背景的变化。美国在南极的阿蒙森－斯科特南极站便是这28个站点之一。我国南极中山站则是从2010年第26次南极科学考察开始进行大气中二氧化碳浓度的连续观测。

我们可以从过去60年里南极各站点观测的二氧化碳浓度的变化看出，南极大气中二氧化碳的年平均浓度已从1957年的310毫克/升上升到2015年的395毫克/升。

南极因为远离人类活动区域，这里的空气是全球最纯净的。科学家通过钻探南极的冰芯，从其中的气泡里取得了过去地球空气中

中山站天鹅岭室内大气成分观测设备，右边是温室气体观测仪器设备

二氧化碳浓度的变化数值：在过去的几十万年里，地球大气中的二氧化碳浓度一直很稳定，但这种稳定自从工业革命以来突现巨变，大气中的二氧化碳浓度不断地在上升，如果将这个增长数字转化为绝对值，那就是当今地球大气中的二氧化碳有百亿吨以上的数量级增长。

目前，南极中山站首次在大气成分中观测到持续多次的400毫克/升的二氧化碳浓度，尽管相对于北半球要晚两年，但是地球大气是一个整体，北半球高浓度的二氧化碳经过近两年的自然输送和扩散过程，终于还是让南极的测值抵达这一水平。可见，随着人类排放的持续增加，二氧化碳浓度还会继续增加，我们保护大气环境的重任相当艰巨。

保护我们的家园——地球，保护环境对我们人类来说已经刻不容缓。

⑬ 欢度仲冬节

三国南极科考队欢聚一堂

6 月 21 日，这是南极黑夜最漫长的一天，也是南极最重大的节日——仲冬节。各国南极考察站在这一天都要举行隆重的庆祝活动，因为过了仲冬节，意味着南极的极夜渐渐过去。一年中最黑暗、最难熬的日子即将过去，新的曙光即将重新照耀南极大陆。因此仲冬节对在南极考察的越冬队员们来说是特别重要的日子。

这天，我们中山站部分队员和俄罗斯进步站部分队员一同驱车前往印度巴拉提站。中国、俄罗斯、印度三个国家在南极拉斯曼丘陵地区的考察站队员，聚集在印度巴拉提站共同庆祝仲冬节。这是我们进入南极冬天以来第一次相聚在一起，场面温馨又热闹，队员们纷纷在一起拍照留念。室外黑暗又寒冷，但室内充满着温暖，三国队员的欢笑声不断。

在荒芜寒冷的南极，各国考察队员都能友好地相处在一起，并建立起丰厚的友谊。我们三位站长前面就约定好，仲冬节这天在印度巴拉提站相聚庆祝，6 月 23 日在俄罗斯进步站相聚，6 月 25 日在我们中山站相聚，把庆祝南极仲冬节的喜庆氛围在三个考察站轮流传播，将三个国家考察队员在南极结下的友谊长久保持下去。

6 月 25 日，轮到我们中山站主办庆祝南极仲冬节的活动。中午 12 点半，俄罗斯进步站、印度巴拉提站队员冒着雪花如约来到

我们中山站，庆祝活动随即拉开帷幕。

因为南极中山站室内活动场地宽畅，队员们有充足的空间活动，俄罗斯、印度考察队员一到中山站，就在活动室玩起了排球比赛。我们也提前做好了各种招待准备工作，开放了酒吧，布置了餐厅，让外国考察队员尽情享受。

午饭过后，我们安排了一些小游戏，比如套圈、掌上明珠、步步为营、易拉罐积木、你来比划我来猜等节目，并为优胜者颁发一些小纪念品，考察队员热情高涨，纷纷投入到各种游戏比赛中。

三个国家的考察队员在欢乐竞赛中度过了整个下午。因为队员

们情绪高涨，俄罗斯、印度两个站队员告别时间一直在往后推迟，从原来计划的下午四点一直延至六点，最后才依依不舍地告别中山站。经过这次庆祝南极仲冬节活动，加深了三个在南极相邻的考察站队员之间的友谊，为今后在考察工作中相互帮助奠定了基础。

在三个考察站组织的仲冬节庆祝活动中，我们中山站无疑是做得最好的，也得到了其他两个考察站队员们的一致好评。

过了仲冬节，极夜即将过去，曙光就要来临。我们充满信心去迎接南极新的曙光，面对新的挑战。

仲冬节

每年的6月21日，是南极特有的节日——仲冬节，这是各国南极考察站一个约定俗成的节日。这一天是北半球的夏至也是南半球的冬至，过了这一天，南极也像南半球其他地区一样，黑夜将与日递减，白昼将与日俱增。每当这个“南极人”专有的节日来临，各国南极考察站都会通过电波互发贺电。两站距离近的，就相互发出邀请，约定好走访时间。每个考察站都要精心布置一番，准备好演出的服装、道具，还要准备好各种食品、礼品，隆重地庆贺一番。在考察站比较集中的地区，各考察站还要进行“大串联”活动。

南极严寒

经过连续 10 天的风雪天气，南极中山站昨天总算迎来晴天。风雪过后，整个站区地面上铺了一层厚厚的积雪，有些雪坝堆积甚至有 1 米多高，这给队员们的出行带来了不少困难。最近几天又迎来极端低温天气，气温骤降至零下 40 多摄氏度。

目前南极中山站仍处于极夜阶段，室外工作只能在中午有亮光

的两个小时里进行。昨天天空才放晴，今天又飘起了雪花，机械师继续开着装载机铲运下广场的积雪去莫愁湖冰面上，目前莫愁湖冰面上已堆积起了几处高高的雪堆，像几座小山。

下午 1 点，天空已经暗下来，半个月亮升上了半空，站务班班长还在继续忙碌着，开着雪地车把下广场排水管处的积雪推送到远处的海冰上，因排水管每天需要巡视检查两次，将积雪铲除，以便于队员巡视检查。

维修工忙着焚烧生活垃圾，虽然越冬阶段生活垃圾不多，但他也要每天在综合楼、宿舍楼、厨房收集垃圾，并集中运送至焚烧炉房，等生活垃圾收集到一定数量后，再开炉焚烧，一般一星期需要焚烧一次。

极夜到今天为止已经过去了 37 天，还有 15 天，也就是 7 月 18 日，我们将度过极夜迎来新的曙光。在这段时期，虽然见不到

南极常见的企鹅、海豹，也见不到贼鸥、雪燕，但让我们欣赏到了多彩多姿、绚丽无比的南极极光；虽然在极夜期间暴风雪经常侵袭中山站，但经过全体队员的共同努力，我们挺住了；虽然在极夜期间队员们在睡眠、昼夜节律和心理上有一定的影响，但经过站区组织的丰富多彩的娱乐活动和大家的自我调整和适应，我们终究战胜了极夜带给我们的重重困难。

极夜结束

南极中山站因受西风带气旋和极地高压的共同作用，从昨天中午开始刮起了飓风，到午后风力越来越强劲，最大风速达到44米/秒，打破今年5月底41.1米/秒的中山站10年来最大风速纪录。

昨天整晚中山站狂风肆虐，狂风带着地上的积雪在横冲直撞，

似乎要把阻挡它的一切撕碎，咆哮的风声让人胆战心惊，13级以上的风力让整个建筑都在颤抖，躺在床上感觉仿佛处于漂泊的船上那么摇晃着，一整夜都让人无法合眼。

今天上午风速略微有所减弱，但也在10级风力以上。原本今天是52天极夜后中山站迎来第一轮曙光的日子，我们也早早组织好全体队员准备在中午12点到站区最高点紫金山观看日出，在新一轮曙光前合影留念，庆祝中山站度过52天极夜，迎来新一轮曙光。

经历了52天的黑暗，队员们渴望见到太阳的心情非常迫切，可遇上这样的暴风雪天气，天地一色，连不远处的一座座冰山也看不见，更不可能见到升起的太阳，我们的活动只能无奈取消，队员们只能耐心地等待天晴的日子。

虽然今天是暴风雪天气，我们没能见到极夜后的第一缕曙光，但队员们的心情还是愉快的，毕竟52天极夜顺利度过了。回想我们这段时期所经历的狂风暴雪，回想起队员们团结一致、共同抗严寒斗风暴所表现出的意志和精神，我心中感叹无限，只有经历过南极极夜的队员才能去体会这其中的辛酸苦辣和自豪感。

风雪后艰苦的铲雪工作

南极中山站本应该在7月18日走出极夜迎来新一轮曙光，但17至18日一场特大风暴让我们无法看到第一缕曙光，而且接下来的几天都是风雪天气，据天气预报要持续到下周二，这无形中使得极夜期延长了，我们要到下周才能见到梦寐以求的太阳。

废物处理栋的门已经被积雪完全掩盖

持续多日的风雪让中山站整个站区堆起了一层厚厚的积雪，平均有1米多厚，有雪坝处更是达到2米多高，因是刚下的雪，非常松软，队员们要在齐腰深的雪地里手脚并用，使出全身的力气前往工作场所。

今天上午待风雪一停，站务班班长带领着两名机械师和维修工立即投入到铲雪工作中，雪地车、挖掘机、装载机一起出动，先把站区主要道路上的积雪铲除，方便队员们出行。经过队员们五六个小时的不懈努力，在车辆的轰鸣声中，一条条道路在积雪中形成，就像一条条坑道。队员经常进出的废物处理栋门口、综合楼夹层门口、老发电栋门口、新车库门口的积雪全部被铲除。

目前中山站主要道路和建筑门口的积雪虽然被铲除了，也方便了队员们前往各个工作场所，但这只是暂时的，据天气预报明天开

始中山站又将是暴风雪天气，所以说站区的铲雪工作任重而道远，将一直持续下去。直到南极夏天的来临，站区内的积雪才能彻底被铲除。

新曙光照耀南极中山站

曙光来临

今天早晨起床，透过窗户看到天空晴朗，远处冰山后已有一条光线出现，只是在光线上有一条云层带。中山站一扫一个多星期的风雪阴暗天气，今天总算转为晴天。想到今天能拍摄到极夜后的太阳，我的心情一阵激动，赶紧洗漱后去餐厅吃早饭，来到餐厅后看到已有好几位队员在边吃早饭边热烈讨论着，队员们脸上洋溢着喜悦，都说准备出去拍摄太阳。两个月没见到太阳，队员们被压抑得太久。

9点30分我带着相机出门，往站区西南方向的紫金山走去，登上紫金山向下俯瞰，整个站区一览无余，向远处冰山群眺望，能越过冰山看到更远处海冰上的霞光。我坐在山坡上，等待着太阳升起时的美景。

10点30分太阳跳出地平线，但正好被上面的一条厚云层遮挡住，整个天空就这一条厚云带，偏偏就遮住了升起的太阳，我多么希望这条厚云带能快速散去。

我坐在山坡上静静地等待，看太阳跳出地平线后慢慢往东北方向移动，但就是一直被厚云带遮挡住，只在云层下方露出一线太阳光。

今天看到新的曙光照耀着中山站，整个站区显得生机勃勃，新的曙光也给我们带来了希望，极夜过了，南极的夏天还会远吗？

南极日出

一早看到天空晴朗，万里无云，在昏暗的晨曦中天边已经出现了一点霞光，我心想今天一定能看到日出的美景，于是又早早爬到站区最高峰紫金山山顶，等待日出时的壮观美景出现。我坐在山顶，极目远眺，整个站区和远处的冰山还在沉睡中，一片寂静。海冰尽头的地平线处霞光一片，从海面上吹来的丝丝寒风，让我感到一阵阵刺骨的寒冷。两个月没见到太阳，为了能看到期盼已久的太阳，哪怕受些冻我感觉也值得。

10点15分，远处地平线处的朝霞越来越红，映红了整片天空。在我的期盼中，太阳慢慢地露出海平面，一开始只在火红的朝霞中露出一道细细的金黄色光芒，紧接着就露出了弯弯的“笑脸”。这时在太阳光的照射下白色的冰山也被染红，越来越红，仿佛冰山上燃起了熊熊的大火。太阳一点一点向上升起，我目不转睛地看着它，连续拍摄着太阳升起的过程。

10点30分，太阳完全跳出地平线，海冰上万道金光，站区被阳光照耀得分外亮丽。金黄色的太阳发出的光芒非常柔和，一点不刺眼，也不强烈，照在身上，让原本寒冷的我感到一阵阵温暖。

南极有太阳的日子，空气感觉特别清爽，阳光照在海面的冰山上，冰山散发出美丽光芒；阳光照耀着中山站区，感觉站区也焕发出勃勃生机。队员们见到阳光后心情也特别舒畅，一扫极夜期

间的那种压抑感。

天空也变晴了，昨晚南极中山站的夜空星光灿烂，满天繁星在夜空中不停闪烁，不时还出现绚丽的极光。极光在中山站已经有一段时间没出现了，昨晚中山站的夜空中又出现了变幻莫测的极光，着实让我们又兴奋了一阵子。

极夜已过，太阳再次出现了，但南极的企鹅、海豹、贼鸥等生物还没在站区出现，要再过一段日子才能看到它们。

海市蜃楼

昨天南极中山站是一个大好的晴天，万里无云，微风习习，虽然太阳光强烈地照射着，但气温却在一直下降，降至零下37摄氏度。中午吃饭时，有队员说外面的冰山移动了，而且增加了许多冰山，我往海冰上望去，果然看到一排整整齐齐的冰山出现在远处的海冰上。如今海冰厚度达到1米多，冰山是不可能移动的，我们前几天都没看到这些冰山，怎么可能一夜之间就出现了如此多的一整排冰山，我猜可能是幻象。我就拿来望远镜仔细查看这一排整齐的冰山，发现冰山的有些地方是镂空的，确定这一定是幻影，是海市蜃楼现象。昨天下午我一直观察着，并不时拍照，最后看到一排整齐的冰山由于光线的原因在慢慢消失。

为了证实昨天是海市蜃楼景象，我今天特地在同一方向再次拍摄了照片：一排整齐的冰山完全不存在了，证明昨天确实是海市蜃楼景象。

海市蜃楼是一种光学幻景，是地球上物体反射的光经大气折射而形成的虚像，由于不同的空气层有不同的密度，而光在不同密度的空气中又有着不同的折射率，因而产生这种现象。中山站外的海市蜃楼现象，就是因海冰上部的冷空气与高空中暖空气之间的密度不同，光线在气温梯度分界处产生了折射现象。

这张是无“冰山”的照片

这张是出现“冰山”的海市蜃楼照片

在南极能看到海市蜃楼这样的奇观，让队员们喜出望外，队员们纷纷拿出相机和摄影机拍摄这些虚像的冰山，把在南极海冰上出现海市蜃楼的奇观留在相片上。

成群帝企鹅拜访南极中山站

今天中午，成群结队的帝企鹅向中山站走来，给了我们越冬队员非常大的惊喜。前面也说过在南极中山站，帝企鹅是很少见到的，更不要说两百多只帝企鹅集中出现，估计这也是中山站建站以来的第一次，看来我们这次在南极越冬考察非常幸运。

距离中山站 23 千米外的冰架下有帝企鹅的聚集地，现在正是帝企鹅的孵化期，帝企鹅爸爸正在孵化小企鹅。这群帝企鹅一定

是企鹅妈妈，准备回企鹅聚集地去迎接小企鹅的出生，可惜它们走错了方向，“误打误撞”来我们中山站游览了一番。好在没多久它们就发现自己走错了方向，再次向远方帝企鹅聚集地走去。

南极大家庭忙碌一日

最近南极中山站的天气不太正常，已经连续刮了一个星期的风雪。极夜已经过去了一个月，现在白昼的时间已有8个小时，但在这样的风雪天气里，天地混为一色，一片白茫茫的世界，让人感觉还是非常压抑。连续的风雪又给站区披上了一层厚厚的积雪，在背风的地方到处是小山一样的雪坝。

今天风雪总算停止了，队员们开始了忙碌的野外科考和铲雪工作。

昨天是后勤维修工的生日，大厨准备了丰盛的美味佳肴，队员

械师协助观测员前往内拉湾探测海冰厚度

气象观测员在进行每天常规的气象观测

机械师开挖掘机清理下广场积雪

机械师开装载机铲除上广场积雪

站务班班长开雪地车将上广场的积雪铲到莫愁湖中

们也主动来到厨房帮助厨师一起准备饭菜。生日晚宴一直持续到深夜，虽然室外刮着大风雪，但餐厅里温暖适宜，充满了欢声笑语。离开祖国已有 9 个多月，19 名队员就像一个大家庭，相互帮助，共同去克服南极的风雪严寒，一起迎接各种挑战。

野外出游参观劳基地

清晨，太阳升起，在阳光的照射下，海冰表面雾气缭绕，一座座冰山就像是云雾中的山峰，若隐若现，犹如仙境。

南极中山站连着几天都是晴日。前天我看到室外天气不错，于是在午饭后组织全体队员前往站前海冰上的一个小冰山前拍摄合影，可当大家陆陆续续到达后，太阳躲到云层后再也没露面。全体队员好不容易集合在一起，这样的机会不能错过，虽然太阳不出来，我们还是拍摄了合影。

昨天吃完午饭，看到阳光明媚，我发动大家去室外活动，我们到达南极中山站已有 9 个月，好多队员还没去参观过距离中山站三公里左右的澳大利亚劳基地。我就组织大家步行前往劳基地，一边享受阳光，一边锻炼身体。

我们一行 7 人在海冰上行走，前往位于内拉湾最顶端一个山坡上的劳基地。我们到达内拉湾顶端后爬上马鞍山，先到达龙泉湖，龙泉湖上透明的冰面留住了队员们前行的脚步，冰面下的条条裂纹和许多气泡将蓝色的冰面装扮得非常漂亮，大家纷纷拿出相机拍照。从龙泉湖翻过一个小山坡就能看到劳基地。劳基地由一栋方形建筑和四个圆圆的像蒙古包一样的建筑组成。方形建筑中有各种餐具和食品，是休息吃饭的地方，四个圆圆的建筑里面备有床铺，是供人睡觉的地方。我们在方形建筑中休息了一会儿。在屋内桌子上有一个签名簿，每次到访的队员可以在上面签名留念，我还看到了我们 6 年前在南极越冬时在上面的签名，我们今天也在上面签了名。

劳基地是澳大利亚在协和半岛上建造的简易考察站，平时一直无人驻守，在度夏考察的时候澳大利亚队员偶尔会从戴维斯站乘直升机过来看一下。其实劳基地更像是一个临时庇护所。南极的气候复杂多变，特别是突然而起的暴风雪会对正在进行野外考察

的队员造成巨大的威胁，但这种恶劣天气通常时间不会持续太久，最多2～3天就会过去，因此，许多国家为了让野外考察的队员在遇到危险或紧急情况下能有个临时躲避之处，就设立了许多庇护所。庇护所里存放着一些食品、燃料、通信器材、御寒服装等，几个人在这里临时生活几天不成问题，待天气转好之后再走。这些庇护所，门从不上锁，各国考察队员以及探险者遇到紧急状况时，可以自行进入，避险躲风，饿了有食物，冷了有衣被，自行取用。南极地区的这些庇护所真正体现了救难护险的国际人道主义精神。

在劳基地休息一会儿后，我们原路返回。队员们从马鞍山斜坡的积雪上下滑到内拉湾冰面，然后横穿冰面，此时太阳正好下山，夕阳照射在冰面上，景色迷人。穿过内拉湾后，我们登上中山站区的西南高地，从西南高地回到站区。今天队员们在外面整整走了两个半小时，虽然天气寒冷，但每个队员都出了一身汗，起到了锻炼身体的效果。

中印俄南极乒乓球友谊赛

受印度巴拉提站邀请，中国南极中山站和俄罗斯进步站考察队员一起前往印度巴拉提站，位于南极拉斯曼丘陵地区的三国考察站队员举行了一场精彩有趣的乒乓球友谊赛。

昨天上午 9 点 45 分，我们中山站 10 名队员乘坐雪地车前往印度巴拉提站，刚出发就遇见俄罗斯进步站队员乘坐的雪地车正好经过我们中山站，于是我们两辆雪地车结伴而行，一起前往 10 千米外的巴拉提站。10 点 30 分，我们到达目的地。

到达巴拉提站稍作休息后，队员们来到室内活动场，首先进行抽签组队，每张纸条上都有一个印度队员的名字，让我们和俄罗斯队员抽签选一张，然后把自己的名字写在印度队员名字下面，这样就和这位印度队员配成一对，经过排序后进行三国考察队员混合双打乒乓球比赛。

首先进行小组赛，赢的小组进入下一轮，输的小组直接淘汰。比赛过程精彩有趣，观赛队员经常会爆发出阵阵掌声，球场内一

片欢声笑语。因为大家从来没有配合过，只能靠各自临场发挥。虽然中国的乒乓球整体水平很高，但我们这些越冬队员乒乓球技术普遍不行，许多队员从来没打过乒乓球，只能陪着他们比赛凑个数。

经过一场场比赛，前四名小组明朗后，大家吃饭休息。饭后再进行半决赛和决赛。

最终我们的机械师和印度队员组成的小队取得第三名，冠亚军

在两名俄罗斯队员和他们各自的印度搭档之间展开。

赛后我们进行了颁奖仪式，获奖队员高兴地上前领取证书和奖品。

我们三个站的站长也对获奖队员表示了祝贺，希望三国考察站能一直延续友谊，多组织一些精彩活动。

下午 3 点，我们和俄罗斯进步站队员告别印度巴拉提站，结伴返回各自的考察站。

神秘极光笼罩南极中山站

目前南极中山站昼夜分明，早上7点太阳升起，下午5点后太阳落山，我们总算过上了人类正常的生活作息时间。不过这样正常日夜分明的时间也不会太久，随着每天太阳出现的时间逐渐延长，南极的极昼又将来临。现在算是南极的春天，再过两个多月，南极中山站就将迎来每天24小时太阳直射的极昼。

近期，近十年来最强的太阳闪焰爆发，地球受其影响，造成部

分无线电通信短暂中断现象，但也产生了壮丽的极光，除了在南北极正常能见到绚丽的极光外，据说在美国本土都能见到极光，可见这次太阳闪焰爆发的威力。

太阳闪焰是指太阳表面扭曲的磁力线突然断裂，释放出大量能量的巨大爆发。强大太阳风冲击地球大气层，形成壮丽的极光。

太阳表面局部爆炸释放出来的带电粒子威力强大，即便只是稍微地扫过地球磁场，也会产生特别耀眼的极光。

变幻莫测的极光让人感觉震撼，如此美轮美奂的景色冲击着我们的眼球，让人不得不感叹南极夜空的惊艳。在极光的照耀下，黑夜也不再是漆黑一片，绚丽异常，让我们一饱眼福。

排球友谊赛

昨天上午，继上次的乒乓球友谊赛以后，南极拉斯曼丘陵地区的中、俄、印三国考察站又在南极中山站室内体育场举行了一场排球友谊赛。

上午 10 点，俄罗斯进步站和印度巴拉提站考察队员乘坐雪地车先后来到我们中山站。

参加排球友谊赛的三国队员首先进行抽签分组，分成四组分别进行对抗赛，比赛采用三局两胜制，两组赢的队再进行冠亚军决赛。

参与比赛的队员，每人都有一张精心制作的纪念卡片；冠军队，每人获得一份奖品。

在精彩比赛的同时，不参加比赛的队员都在厨房中忙碌，协助大厨准备中午的饭菜。

赛后，三国考察队员共聚中山站餐厅，举行自助午宴。大家已经建立起了深厚的友谊，希望把这份友谊长久保持下去。在南极这块自由和平的土地上，各国科考人员能患难与共，互相帮助，完成各自的考察任务。

白昼时间延长

随着白昼时间的逐渐延长，队员们增加了室外工作的时间。首先迫切的工作是铲除站区的积雪，中山站上广场的积雪和雪坝都已经被铲除到莫愁湖中，从昨天开始机械师们开着挖掘机和装载机铲除站区下广场的积雪。在今年极夜前，中山站风雪天气较少，原以为今年的积雪不会太多，没想到极夜后经常是风雪天气，在下广场堆积起来的积雪有两三米高，为铲雪工作增加了不少工作量。

昨晚中山站的夜空中再次出现了绚丽的极光，晚上 8 点

开始出现，一直持续到下半夜 2 点多，让队员们尽享视觉盛宴。再过一个多月南极即将进入极昼，随着夜晚时间的逐渐缩短，极光的出现将显得更加宝贵。所以我们得抓紧时间来欣赏这绮丽壮观的自然景象。

南极海豹的安逸生活

最近南极中山站天气晴朗，每天日照时间已达到 16 小时，还有一个月南极中山站即将迎来极昼。

中山站附近的海冰上，几只待产的母海豹已经躺了十多天，队员们经常会过去看看，关心小海豹什么时候出生。

昨天午饭后两名队员去站区熊猫码头附近散步，无意中看到海冰上卧着一对海豹母子，小海豹估计是刚出生的，因为前一天

队员过去看时还没有小海豹的身影。这可是今年南极中山站附近的第一只小海豹诞生，两位队员回来一说后，其他队员纷纷带着相机和摄像机往码头方向跑去。大多数队员都没有见过刚出生的小海豹，听到这个消息后都兴奋不已。

当队员们来到冰面上，看到小海豹紧紧依偎在母海豹的身边正在酣睡，睡得那么沉稳安详，一幅温馨美好的画面。

生活在南极的海豹是幸运的，因为在南极大陆上没有它们的天敌，它们可以自由自在地躺在冰面上睡觉，而不需要防备其他动物的攻击，当然在水下，海豹还是要防备鲸鱼的袭击。生活在北极的海豹则要艰难许多，因为北极熊是海豹的天敌，海豹要随时提高警惕来防备北极熊的袭击。在北极冰面上出生的小海豹身上长着白色的绒毛，就是为了和白色的冰雪融为一色，避免被北极熊发现。而在南极刚出生的小海豹不需要伪装的毛色，一般都和母海豹的毛色差不多。

这个小海豹是灰黄色的，因为刚出生的缘故，肚脐上的脐带还留有一大截，也不知道母海豹是如何咬断小海豹脐带的。小海豹瘦小的身体有五六十厘米长，醒了以后睁着大大的眼睛好奇地望着这个对它来说完全陌生的世界，不时地爬离母海豹身边，但都被警惕的母海豹拖了回去。母海豹绝不允许小海豹离开它的身边，离开它的保护范围。队员们远远地给这对海豹母子拍照，为小海豹定格美好的瞬间。

南极地区目前有锯齿海豹、豹形海豹、威德尔海豹和罗斯海豹这四种海豹。

在南极中山站附近的海豹属于威德尔海豹，它是以英国航海探险家詹姆士·威德尔的名字所命名。这种海豹背部呈黑色，其他

部分呈浅灰色，体侧有白色斑点，体长3米左右，体重300多千克。雌性体格略大于雄性，在冰上产崽。威德尔海豹出没于海冰区，并能在海冰下度过漫长黑暗的寒冬。它靠锋利的牙齿啃冰钻洞，将头伸到冰面上呼吸，或钻出冰洞，独自栖息，少见成群现象。雌性多栖于冰面，雄性多在水中。

随着威德尔海豹一年一度哺乳期的到来，中山站附近的海冰上将会迎来更多的小海豹诞生，到时一定会带给队员们更多的惊喜。

小海豹

随着南极中山站附近海冰上一只只可爱小海豹的出生，给寂静荒芜的南极带来了生机，也给考察队员寂寞单调的生活带来了无限欢乐。队员们在空闲时间都会前往海冰上，去看望那些超萌的小海豹，并为小海豹留住最萌的精彩瞬间。

看着小海豹一天天长大，我们不由得为母海豹的坚忍意志和顽强生命力感叹。在小海豹出生前几天，母海豹就会从水中爬到海冰上待产。小海豹出生以后，每天靠着营养丰富的母乳在快速成长，而母海豹则靠消耗自身的脂肪维持生命，并且还得给小海豹

提供足够的母乳。母海豹躺在冰冷的海冰上近一个月的时间，精心照料着小海豹，饿了，渴了，最多吃点冰雪，伟大的母爱精神在海豹身上也有充分的体现。

根据我 6 年前在南极中山站越冬考察时的观察，小海豹依靠母乳成长得非常快，20 多天就能长到几十斤重，此时母海豹就要带着小海豹下到水中，在水中教会小海豹捕食的本领。虽然海豹主

要在水中生活，但对于初次下水的小海豹来说，有个适应过程，第一次往往不敢往下跳，这时母海豹就会用身体推着小海豹下水。有一次，我看到母海豹要带着小海豹下水，等母海豹下到水中，小海豹却趴在海冰上迟迟不肯下水，母海豹在冰窟窿中伸出脑袋召唤着小海豹，小海豹不但不听，反而在海冰上越爬越远，此时母海豹也没辙，只能重新从冰窟窿中爬上海冰，挪动着笨重的身躯去追赶小海豹。

目前中山站附近的海冰上已有七八只小海豹出生，希望它们都能健康长大。

海冰是南极海豹的天然产房

再见，南极！

前往冰盖出发基地

今天趁着天气晴朗，我们一行7人驾驶着两辆雪地车前往内陆冰盖出发基地，为即将来到南极中山站的“雪鹰601”固定翼飞机做前期准备工作。因从明天开始，中山站

又将迎来一周的阴雪天气。

停放在冰盖出发基地的各类舱室经过一个冬天的风雪已被深深掩埋，我们首先要把固定翼飞机需要使用的各类舱室从雪堆中拖出来，拖带至冰盖机场的停机坪上。

队员开着带铲的雪地车将各类舱室前的大块积雪先铲走，随后用人工铲雪的方式把一个个架设在雪橇上的舱室从雪堆中拖带出来。

大伙儿把几个舱室从雪堆中拖带出来后，整齐地堆放在停机坪上，方便“雪鹰 601”到达后，管理人员可以使用各种功能的舱室。

内陆出发基地的俄罗斯冰盖机场的雪上跑道已由俄罗斯队员用雪地车拖带着平整工具，压实得非常平整，完全满足固定翼飞机的起降条件。

南极的夏天即将来临，我们的固定翼飞机“雪鹰 601”也将在 11 月 5 日左右降落在这个冰盖机场，为今年南极中山站的度夏科学考察工作做准备工作。

雪鹰 601

昨天我们前往冰盖出发基地，和俄罗斯队员一起做好了迎接“雪鹰 601”固定翼飞机降落冰盖机场的最后准备工作。

今天早饭后，中山站 12 名队员乘坐三辆雪地车早早来到冰盖机场，等候“雪鹰 601”的降落。

中山站时间上午 10 点 10 分，冰盖机场上空传来飞机的轰鸣声，队员们望向天空，红色醒目的“雪鹰 601”向着机场方向飞来，在

机场上空盘旋一周后，于10点20分，稳稳地降落在冰盖机场跑道上，并滑行至停机坪停妥。

飞机停稳后，机组人员走下飞机。队员们和机组人员握手祝贺，随后开始卸运飞机上装载的一些科考设备和机组人员行李，把科考设备运输至早已准备在停机坪附近的舱室中，机组人员行李则搬运至雪地车上，准备运回中山站。

“雪鹰601”抵达南极中山站后，还将陆续前往澳大利亚凯西站把度夏考察队员接至中山站。这意味着第34次南极考察中山站度夏工作由此拉开序幕。

雪鹰 601

“雪鹰 601”是中国首架极地固定翼飞机，原型机为美国巴斯勒 BT-67 运输机（Basler BT-67）。“雪鹰 601”是目前世界上唯一能在南极恶劣环境下安全飞行，并已在南极成功使用、成熟可靠的多用途固定翼飞机，具备人员快速运输、应急救援和科学调查三种功能。由于该型号的飞机能在地面环境温度零下 50 摄氏度以下使用，能够满足中国在南极地区的飞行保障条件要求。

再见，南极！

今天天气晴朗，上午 10 点我们中山站一行 10 名队员驾驶着三辆雪地车前往冰盖机场，去迎接第 34 次南极考察中山站站长和一名固定翼飞机队员，他俩乘坐澳大利亚飞机到达澳大利亚凯西站后，我们的“雪鹰 601”把他俩从凯西站接到中山站。

我们驾驶着雪地车翻山越岭，沿着雪地上的车辙一路前行，前

往10千米外的内陆冰盖出发基地旁的俄罗斯冰盖机场。经过40分钟的车程，我们一行来到冰盖机场，在这里等候“雪鹰601”的降落。

上午11点15分，天空传来飞机的轰鸣声，“雪鹰601”出现在机场上空，飞机对准雪地上的跑道后，开始缓缓降落。

11点20分，“雪鹰601”在雪上跑道降落后，进入停机坪停妥，队员们热情地上前与下来的队员握手拥抱，欢迎他们顺利到达南极中山站。

第34次南极考察中山站站长到达后，我将和他进行交接班工作。我即将结束在南极长达一年的考察工作，过几天会乘坐“雪鹰601”离开中山站，在澳大利亚凯西站转乘澳大利亚飞机离开南极返回祖国。

随着南极夏天的来临，我们在南极工作和生活了一年的越冬考察队员，一直盼望着第34次南极考察队员能早日到来，我们可以

顺利交班后返回祖国，回到亲人身边。但当这一天真正来临的时候，我们感觉非常不舍，毕竟在这里工作和生活了这么久，对南极和中山站充满了深深的感情。

这次离开对我来说，心里更不是滋味，因为我要独自先行返回祖国，提前和一起在南极奋斗了一年的队员们分别！希望他们在新站长的领导下，站好最后一班岗，在做好南极考察收尾工作的同时，认真做好交接班工作，等待着 12 月底“雪龙”号带着 34 次越冬队员的到来，到那时我们第 33 次一起越冬的队员就能随“雪龙”号回家了。

我在南极中山站的站长工作即将结束。

一年的奋斗，一年的艰辛，伴随着一年的风雪与一年的等待。再见，南极中山站！再见，我的队友们！

精彩、丰富、艰苦、难忘的南极生活和留下的情谊一定会在我的生命中永存！

图书在版编目（CIP）数据

嗨！我在南极 / 赵勇著. —上海：少年儿童出版社，2023.8

ISBN 978-7-5589-1510-9

Ⅰ. ①嗨… Ⅱ. ①赵… Ⅲ. ①南极—科学考察—青少年读物 Ⅳ. ① N816.61-49

中国版本图书馆 CIP 数据核字（2023）第 089459 号

嗨！我在南极

赵　勇 著

赵　勇 摄影

陆　及 装帧

出版人 冯　杰

责任编辑 叶　蔚　美术编辑 陆　及

责任校对 陶立新　技术编辑 许　辉

出版发行 上海少年儿童出版社有限公司

地址 上海市闵行区号景路 159 弄 B 座 5-6 层　邮编 201101

印刷 上海丽佳制版印刷有限公司

开本 720 × 980　1/16　印张 15　字数 161 千字

2023 年 8 月第 1 版　　2023 年 8 月第 1 次印刷

ISBN 978-7-5589-1510-9 / I · 4998

定价 48.00 元